基于飞行数据的民航飞机故障诊断专家系统

郎荣玲 潘 磊 吕永乐 编著

国防工业出版社

·北京·

内 容 简 介

飞行数据中蕴含了飞机的状态信息,如何充分利用飞行数据对于提高飞机的安全性具有重要的意义。本书以飞行数据为数据源,利用专家系统的方法搭建了民航飞机故障诊断专家系统。

本书共分为9章:第1章介绍背景及意义,并系统介绍民航飞机故障诊断的发展现状以及目前飞行数据的应用及特点;第2章系统介绍基于飞行数据的故障诊断专家系统的结构设计;第3章介绍基于飞行数据的故障诊断专家系统的数据库设计与维护;第4~6章分别系统地介绍专家系统中的征兆获取、故障树分析、推理机技术;第7、8章利用粗糙集技术进行了自学习,丰富了专家系统的知识库,并利用知识库维护技术保障了知识库的简化;第9章介绍相似性查询诊断技术。

本书不仅适合于飞机故障诊断领域的研究生、教师、科研人员和实际工作者使用,而且可以推广应用于模式识别和综合评价等领域。

图书在版编目(CIP)数据

基于飞行数据的民航飞机故障诊断专家系统/郎荣玲,潘磊,吕永乐编著. —北京:国防工业出版社,
2014.2
ISBN 978-7-118-09197-7

Ⅰ.①基… Ⅱ.①郎… ②潘… ③吕… Ⅲ.①民用飞机 – 故障诊断 Ⅳ.①V271②V267

中国版本图书馆 CIP 数据核字(2014)第 015470 号

※

国防工业出版社出版发行
(北京市海淀区紫竹院南路23 号 邮政编码 100048)
北京嘉恒彩色印刷有限公司
新华书店经售
*
开本 710×1000 1/16 印张 9¾ 字数 188 千字
2014 年 2 月第 1 版第 1 次印刷 印数 1—2000 册 定价 59.00 元

(本书如有印装错误,我社负责调换)

国防书店:(010)88540777   发行邮购:(010)88540776
发行传真:(010)88540755   发行业务:(010)88540717

前　　言

对民航业来讲,航班安全不仅会影响到民航企业的形象及经济利益,也是保障旅客与机组人员人身安全及公私财产不受损害的重要前提。虽然影响航班安全的因素有很多,诸如飞行员操作能力、飞机系统故障、维修质量、机场设施、空中交通管理、天气、油料、旅客等,但飞机系统故障和维修质量是其中最主要的影响因素。

飞机故障具有故障征兆与故障模式间没有明确的对应关系、故障诊断涉及的结构层次有所提高、诊断时间要求紧等特点,使得传统的仅仅依靠维修手册、维修大纲、可靠性报告等获得的知识是远远不够的。此外,飞行数据中蕴含了丰富的飞机状态以及故障征兆与故障模式对应关系的信息。因此本书在利用传统的专家系统方法的基础上,引入自学习技术,以飞行数据为数据源丰富专家系统的知识库。希望本书能促进利用飞行数据进行民航飞机故障诊断技术的发展,推动我国飞机故障诊断领域的发展。

本书共分为9章:第1章介绍背景及意义,并系统介绍民航飞机故障诊断的发展现状以及目前飞行数据的应用及特点;第2章系统介绍基于飞行数据的故障诊断专家系统的结构设计;第3章介绍基于飞行数据的故障诊断专家系统的数据库设计与维护;第4~6章分别系统地介绍专家系统中的征兆获取、故障树分析、推理机技术;第7、8章利用粗糙集技术进行了自学习,丰富了专家系统的知识库,并利用知识库维护技术保障了知识库的简化;第9章介绍相似性查询诊断技术。

与作者共同编著本书的研究人员有王园硕士、刘陶硕士、张景新硕士、侯安华硕士等,作者由衷地对这些研究者表示感谢。

编著者

2013 年 8 月

目　　录

第1章 概 述

1.1 背景及意义

1. 民用飞机故障诊断的重要性

对民航业来讲,航班安全不仅会影响到民航企业的形象及经济利益,也是保障旅客与机组人员人身安全及公私财产不受损害的重要前提。影响航班安全的因素有很多,如飞行员操作能力、飞机系统故障、维修质量、机场设施、空中交通管理、天气、油料、旅客等,其中飞机系统故障和维修质量是最主要的影响因素。

飞机像其他产品一样会出现各种各样的故障,但飞机又不同于其他产品,飞行安全非常重要,因此,对飞机的维护和机载航电设备的性能提出了非常高的要求。现在的民用飞机和军用飞机大量采用 ARINC429、ARINC629、GJB289A – 97 或 FIRE1394 等总线技术和微型计算机技术,系统集成复杂,飞机操纵系统采用数传技术,发动机的燃油系统实现自动控制,给飞机的日常维护带来了很大困难,同时对检测诊断技术要求很高。在飞机的飞行和起飞、降落等过程中,都不可避免地会出现各种故障,如阀门卡死或产生泄漏、盘管结垢严重导致换热不良等。这些故障如果得不到及时排除,势必导致系统运行参数严重偏离要求的设定值,增加系统能耗,缩短设备使用寿命,因而及时查明故障原因并排除故障具有重要的意义。传统的定期维护和例行检查虽然在一定程度上减少了故障的发生和危害,但这种方法需要大量有经验的专业人员,浪费许多人力与资源。

随着航空技术的发展,现代民用飞机系统的规模和机载设备日趋复杂,在保障飞行安全、降低维护成本、提高飞机可用性等方面对故障诊断提出了更为严格的要求。

2. 民用飞机故障诊断的特点

(1) 故障征兆与故障模式间没有明确的对应关系。飞机系统由 30 多个子系统组成,子系统之间相互关联,且子系统又包含多个分系统。在子系统内,层次之间的信息联系又是不确定的,例如,A320 系列飞机的无线电导航系统、大气数据惯性基准系统、飞行管理、制导计算机系统、电子飞行仪表系统等都与飞行控制系统存在着数据通信,而飞行控制系统内部的分系统之间又存在相互交联信号。由此可见,故障具有纵向传播和横向传播特性。较高层次系统的故障来源于底层次系统故障,同一层次上的不同系统之间在结构和功能上存在许多联系和耦合,这为故

1

障的准确定位带来了困难。

（2）故障诊断涉及的结构层次有所提高。随着飞机模块化、集成化程度的提高，故障诊断的结构层次也相应提高。尤其是航线维护，当故障源查到某一部件层，就要求整体更换此部件来排除故障，即航线维护诊断到部件级而非元件级。这就要求故障诊断的准确性要提高；否则，虚警率高会造成严重的浪费，漏警率高会导致事故的发生。

（3）诊断时间要求紧。航线维护是在航前、航后、短停期间进行。为了减少因航班延误带来的损失，要求航线维护在规定时间内完成，尤其是短停时间要求紧，这就对故障诊断方法的效率提出了更高的要求。

3. 民用飞机故障诊断知识的来源

故障诊断知识是进行故障诊断的信息基础。民用飞机故障诊断的知识主要来源于维修手册（故障信息）、维修大纲（经验知识）、可靠性分析报告（统计信息）以及专家经验。

1）维修手册

维修手册中包含了民航飞机的系统结构图、系统原理图、故障诊断步骤等信息，维修人员在使用时按自己的理解形成推理规则。维修手册内容主要包括传统故障隔离和排除的全过程。由于维修手册是标准文件，未体现出飞机使用后的个体特征和环境差异，同时从维修手册中获取的规则往往比实际情况复杂。

目前，飞机维修主要依据制造厂商提供的排故手册进行排故。排故手册涵盖了几乎所有可能引起该故障的组件，并给出了组件的拆换次序，这虽然能够解决绝大部分飞机维护中遇到的故障问题，但排故过程繁琐，排故效率低，尤其在飞机飞行短停过程遇到故障时，经常由于无法及时维修导致航班延误，造成航空公司的巨大损失。针对飞机维修工作量快速增长与维修效率低的矛盾，将人工智能方法应用于民航飞机故障诊断提高维修效率已经成为一种行之有效的方法。

2）维修大纲

维修大纲是民航飞机故障诊断依据的计划性文件，主要包含部件的计划维修信息，包括故障发生的维修间隔、维修等级、计划维修项目、零部件的重要度信息。通过维修大纲可以估计故障出现的时间，用这一时间与实际的工作时间进行比较，可以指导故障诊断。

3）可靠性报告

可靠性报告是可靠性管理的一个环节。可靠性管理方案是根据中国民航适航当局的要求，确保飞机运行于连续有效的持续适航维修大纲之上，以达到保障飞机飞行安全、低维修成本和提高维修质量的目的而编制的用于对飞机维修方案实施动态监和调整的指导性文件，它是持续适航维修大纲的重要组成部分。为持续保证维修方案的有效性，确保在适当的时候进行正确的维修工作，防止飞机状态的恶化，修复和改善飞机内在的可靠性水平，就需要对飞机、发动机及机载设备的故障损坏前各种有意义的征象(如疲劳、腐蚀、磨损等)进行收集、分析、评估、处理和监控,并据此对维修方案进行持续不断的优化,在此过程中收集的各种数据就是可靠报告的内容。

可靠性报告数据包括:

(1)机组和维修人员故障报告(来源于飞行记录本);

(2)航班不正常事件报告(来源于维修和维修运行控制);

(3)部分附件拆换情况报告(来源于监控);

(4)发动机非计划拆换报告(来源于监控);

(5)发动机空中停车报告(来源于技术管理部和各维修单位);

(6)飞机/发动机运行数据(来源于飞行记录本);

(7)非例行检查发现(来源于维修单位);

(8)飞机重大结构修理报告(来源于维修单位);

(9)飞机重复故障处理情况报告(来源于维修单位)。

典型性能参数如下:

(1)航班不正常千次率 = $1000 \times$ 影响航班任务正常执行次数/营运起落次数;

(2)延误率 = $100 \times$ 延误次数/营运起落次数;

(3)飞机故障率 = $1000 \times$ 故障次数/总飞行时间;

(4)平均非计划拆换间隔时间(MTBUR) = 空中时间 $\times$ 装机数/非计划拆换次数;

(5)非计划拆换率 = $1000 \times$ 非计划拆换次数/(空中时间 $\times$ 装机数);

(6)平均无故障时间(MTBF) = 空中时间 $\times$ 装机数/确认故障拆换次数。

可靠性报告是由飞机制造商和航空公司定时发布的,是故障统计历史信息的记录,其实质是故障的经验统计,是一种使用后的行为,也是智能故障诊断方法应用的主要领域。

民用飞机的故障诊断技术作为一门交叉学科经过几十年的发展形成了多种多样的诊断方法,目前研究和应用比较多的是基于知识的诊断方法,该方法是以知识为基础、以知识处理为核心的智能化诊断方法。目前比较常见的基于知识的诊断方法有数学模型方法、信号处理方法、专家系统、模糊理论、神经网络、粗集理论等,其中专家系统是一种应用较为普遍的飞机故障诊断技术。

1.2　故障诊断专家系统

专家系统是一个具有相关领域内大量专家知识的智能程序系统,它应用人工智能(Artificial Intelligence,AI)技术,根据一个或多个人类专家提供的特殊领域知识进行推理,模拟人类专家做决定的过程来解决那些需要专家才能解决的复杂问题,从功能上可以把它定义为"一个在某领域具有专家水平解题能力的程序系统",专家系统提供了一个自动诊断和处理知识数据的高效手段。专家系统还利用程序和知识去控制问题的求解过程。将专家系统技术应用于飞机故障诊断领域,可以提高诊断的效率以及诊断率,降低虚警率。

1. 专家系统的研究意义

1968 年,斯坦福大学的 E. A. Feigenbaum 教授开发了第一个分析化合物分子结构的专家系统——DENRAL 系统,首次实现借助专家思想来解决实际问题,自此之后,专家系统受到了广泛的关注,在众多领域产生了较大的经济效益。E. A. Feigenbaum 教授于 1993 年指出,几乎所有专家系统的工作效率至少比人高 10 倍,而且能继承和发展专家经验、提高解决问题的质量,他将专家系统定义为:专家系统是一个智能计算机程序,它利用知识和推理过程来解决那些需要专家知识才能解决的复杂问题,所用的知识和推理过程可认为是最好的领域专家的专门知识模型。

专家系统的优势使其获得广泛关注,与要求人类专家完成同样的任务比较,专家系统的优势如下:

(1) 对于同样的数据,专家系统因采用计算机运算,一般情况下能够比人类具有更快的运算速度,进而有助于缩短解决问题的时间。

(2) 专家系统的输出是一致的,它们不会疲倦、不耐烦或生气,不会带有主观色彩,不会受周围环境的影响,这样使得专家系统的结论更加标准化、公平化。

(3) 当需要最短的时间和最低的成本时,可以立刻复制专家系统,有助于迅速继承专家经验,而人们通常需要多年的培训才可能达到专家的水平。

(4) 专家系统的实现可使人们在一定程度上得到解放,例如,可以使工作人员从繁琐的工作中解放出来,可以使专家有更多的时间集中考虑真正需要他们高水平的专业知识才能解决的问题。

(5) 在人们认为不便或危险的地方,专家系统更能体现出优势。

(6) 专家系统能更方便地汇集多领域专家的知识和经验,具有较强的协作解决问题的能力。

近年来,专家系统一直是人工智能研究中最活跃和最富有成果的一个分支,它以在求解时能够推导出专家级解的独有特点,吸引着越来越多的人们对其进行不断的研究,并逐步将这些理论研究应用于实际。国内外研究开发的专家系统已应用于工业、医疗、交通、军事、农业、商业、经济和管理等各领域中,并取得了巨大的社会效益和经济效益。目前,专家系统仍然是科研工作者的研究热门课题之一,随着专家系统技术的深入发展,必将取得更大的成果。

2. 专家系统的特点

(1) 推理性能。专家系统可根据一定的推理策略,利用知识对现有事实进行推理。

(2) 灵活性。专家系统的知识库与推理机既相互联系又相互独立,相对独立性使得知识库中的知识便于修改和补充而不影响推理机,使系统易于扩充,具有较大的灵活性。正如知识的自动获取是设计一个专家系统时的"瓶颈"问题,该特性的实现也是一个难点。

(3) 透明性。专家系统的解释机构能向用户解释它的推理过程,易于人们的理解,具有较好的透明性。

(4) 交互性。专家系统一般要求提供较友好的界面,便于人们录入专家知识、进行交互推理等操作。

3. 专家系统的关键技术

专家系统作为人工智能的一个重要研究领域,是基于知识的一种启发式推理系统。根据知识库中所存专家知识,模拟人类专家在决策过程中的思维方法,以此来解决复杂的工程问题。E. A. Feigenbaum 教授说:"专家系统的威力来自于其所具有的知识",一个成功的专家系统必须具有一个丰富的知识库和一套完备的知识推理与管理机制。因此要建立一套实用的专家系统,必须先解决知识表达方法、推理机和知识获取三个关键问题。

4. 专家系统的结构

1983 年,Hayes Roth 等人提出了一种专家系统的理想结构,图 1.1 所示,其中:

(1) 语言处理模块:负责用户与系统之间的信息交流和转换,为用户提供与系统直接对话的能力。

(2) 黑板:负责记录系统在求解过程中所产生的中间假设和结果,是沟通系统中各个部件的全局工作区。

(3) 解释模块:负责回答用户的提问,它能从黑板中找出对回答用户的问题有意义的信息。

(4) 知识库:在知识库中,知识被划分为规则、事实、问题三类。

(5) 调度模块:负责管理控制议程,决定下一步做哪些工作。

(6) 一致性处理模块:维护系统所得出的结果具有一致表示形式。

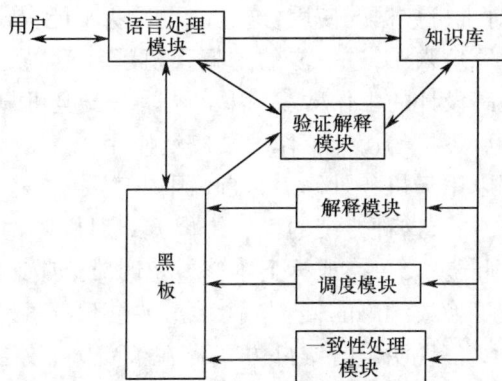

图 1.1　专家系统的理想结构示意图

（7）验证解释模块：用于向用户解释系统行为的验证解释模块。

1.3 飞 行 数 据

1.3.1 飞行数据的应用

飞行数据记录仪俗称"黑匣子"，最先运用于飞机上，称为机载用"黑匣子"。"黑匣子"记录飞机在飞行过程中的各种飞行参数。记录在飞行记录仪中的数据，蕴涵了飞机健康状态的信息，可以用于飞机的故障诊断。因此，若飞机发生事故，事故后可以通过阅读"黑匣子"内的数据，查找、分析飞机事故产生的原因。

本书将记录在飞行数据记录仪中的数据称为飞行数据，并主要研究利用飞行数据进行故障诊断的技术。基于飞行数据的飞机故障诊断，是以飞行数据为依据，诊断飞机设备的技术状态是否正常，确定故障性质、故障部位及故障起因，提出相应维修措施以排除飞机故障的过程，是保证飞机安全重要的措施。

飞行数据在很多领域都有非常重要的应用，概括起来说，大概有以下几个方面：

（1）飞行数据是调查分析飞行事故的主要依据。利用飞行数据来分析事故原因是飞行数据最基本也是最重要的作用。从 20 世纪 40 年代开始，人们就已经开始重视对飞行数据的利用，当飞机发生飞行事故后，根据所记录的飞行数据分析事故原因。因此，飞行数据在调查事故原因、保障航空安全方面有着无可替代的作用。

（2）飞行数据可以指导飞机设计。一个新型号的飞机在开始研发时，要通过试飞来验证设计思想，而试飞的同时就获得了飞行数据。传统意义上，对一个飞机的评判主要是建立在试飞员对飞机性能的评判上，但是后来人们发现，这种做法很不精确和科学，因此要想全面地掌握飞行性能，其中包括飞机的气动性、飞机的速度性等，就必须依靠对飞机数据的使用，这是试飞员所不能提供的。并且通过对飞行数据的研究还要从原理入手，进一步的挖掘飞机设计可以优化的地方。同时对飞机数据分析还能提高设计的工作效率，以及设计的安全可靠性。现在这种新的思想和技术已经在新型飞机的设计工作中被广泛使用。

（3）飞行数据可以用于机务维修。目前，国内多数航空公司在机务维修方面还主要采用定时维修方式，这种传统的飞机维修方式对机体、发动机和主要机体都规定一个使用时间，到时就要更换或拆下维修。定时维修带来的问题是，大多数机件是在完好状态下被更换或维修的，还有不少机件并不会通过定时更换或维修而避免故障的发生。这些都说明定时维修方式存在浪费大、效率不高的问题。现在随着飞行数据记录器的普遍应用，利用飞行数据地面分析系统对记录的飞行数据进行分析，可以对飞机体、发动机、各系统机件的技术状况进行完整连续的监控，从而掌握机件在何时发生失效、什么原因导致失效以及失效后的后果等。以此为基础,就可以制定出合理的维修方案,在最恰当的时机进行针对性的维修工作。一旦发现故障征兆,能及时自动或半自动地确定故障点,提供排故的方案建议。这样就能在提高飞行安全水平的基础上,减少大量非必要的维修工作,降低维修成本,提高飞机利用率。

(4)利用飞行数据构成飞行质量评判和检查监督系统。传统的对飞行员空中飞行动作质量的评分方法,主要依靠同机的检查员、教员的主观判断。这就像足球裁判、体操裁判一样,难免出现偏差甚至误判,而且在单座飞机上的飞行质量是不受监督的。如果利用飞行数据系统在地面重现空中飞行动作和数据,评分的准确性就要高得多。若使用专门编制的飞行质量评判软件,则可进一步提高评分的准确性和客观性。这种方法已成为先进国家评估飞行训练质量的重要手段。

还有一些国家利用民用、军用飞机上的飞行数据设备构成对空中飞行情况的检查监督系统,检查机组人员在空中是否按规定操作以及有无不安全因素。此外,一些国家利用飞行数据对一个时期的同类事故做综合分析,找出内在原因,制定预防措施。这就使飞行数据不仅在发生飞行事故之后发挥作用,而且能够通过提高飞行训练质量、监控空中操作,改进操作程序,积极地预防事故,保证飞行安全。现代航空研究表明,设备故障原因不再是飞行事故发生的主要原因,当今航空安全的最大威胁是人的不安全因素,因此提高飞行安全的重点仍然是解决人为错误,要根据数据而不是凭感觉做出进一步决定。目前,大多数航空公司正在进行的飞行操作质量保证计划是建立在飞行数据应用基础之上的。飞行操作质量保证系统能使航空公司从飞机的数字飞行数据记录器或快速存取记录器上采集数据,然后经过飞行数据分析应用软件的处理,帮助航空公司提前准确地找出存在的问题,消除潜在的事故隐患。

上面介绍的是飞行数据常见的应用,事实上,飞行数据的应用非常广泛。因此,充分利用飞行数据记录器所记录的飞行数据,对于飞机的安全保障有着非常重要的意义。

1.3.2 飞行数据的特点

由于飞行数据的海量化、飞行环境的不确定性以及从飞行模型的复杂化,从飞行模型入手分析飞行数据的工作量是巨大的,并且稳定性较差,从飞行模型的入手这个工作很难实现。因此,只有从数据入手"跳开"飞行模型,所以本书采用了基于相似性查询方法和基于贝叶斯分类器的方法这种技术来处理飞行数据。

虽然飞机故障诊断技术得到了快速发展,但仍存在一些难题。当前,飞机的故障诊断主要面临如下问题:

(1)飞行数据信息数据庞大。飞机是由众多的部件、元件和子系统等构成的有机系统,各部分紧密相连,结构复杂,功能强大。仅收集其中某部分或部件的特征数据是不够的,必须对整个系统进行全面监测,尽可能收集更多的数据。在故障诊断时,如果仅根据某部件、元件或子系统的特征来进行诊断,那么对导致飞机故障原因的本质认识也是片面的。因此,在飞机的故障诊断中,要处理的信息数据是非常庞大的。

(2)飞行数据具有不完整性。尽管对飞机进行全面的监测收集到较为全面的数据,但人们对故障本质的认识及对故障发生的预测的能力有限。在进行数据监测时,很难做到绝对全面,在进行故障诊断时或许会发现缺少其中的一部分数据,因此,收集到的数据具有不完整性。

(3)故障原因具有不确定性。飞机是一个复杂的系统,各部分紧密相连,如果某部件、元件或子系统发生故障,其他部件、元件或子系统或多或少地也出现一些异常现象,这给故障诊断带来了困难。在一定程度上,故障发生的原因在诊断过程中具有不确定性。

(4)故障诊断仍具有主观性。故障诊断是在人们对事物的认识基础上进行的,只要有人的参与,就存在主观性。纵观民航故障诊断的三个阶段,主观性不断地得到克服,但即使是智能诊断阶段也离不开领域专家的先验知识。

第 2 章　基于飞行数据的
故障诊断专家系统

基于飞行数据的故障诊断专家系统包括地面维护以及故障诊断两个子系统。地面维护子系统主要完成基本的维护和管理功能,例数据库的维护,用户管理、知识库的维护等。故障诊断子系统完成根据飞行数据进行故障诊断的功能。

专家系统是基于知识的一种启发式推理系统。根据知识库中所存专家知识,模拟人类专家在决策过程中的思维方法,以此来解决复杂的工程问题,具有灵活性、透明性、交互性等特点,因此故障诊断子系统采用的是专家系统的结构。

2.1　系统设计

1. 系统整体功能设计

基于飞行数据的故障诊断专家系统的主要功能如下:

(1) 数据库的建立和管理。数据库的建立和管理是故障诊断专家系统的一个基础组成部分,为系统数据提供了存储、描述和管理的平台。

(2) 知识库的维护。支持领域专家对知识库的维护,包括知识的增加、删除以及修改,并且系统具有自学习功能,能够不断丰富知识库。

(3) 故障诊断。以飞行数据为数据源,提取故障征兆信息,然后利用专家系统推理的方法进行故障诊断。

(4) 报告的输出。支持将故障诊断的结果、过程等以报告的形式输出。

2. 故障诊断专家系统整体结构设计

基于飞行数据的故障诊断专家系统的硬件结构如图 2.1 所示,该系统由多台计算机和数据库服务器组成。所有计算机均采用 Windows 操作系统,数据库服务器采用 Windows Server 操作系统和 DB2 数据库管理系统。

故障诊断专家系统主要由地面维护子系统、故障诊断子系统两部分组成。其软件整体结构如图 2.2 所示。

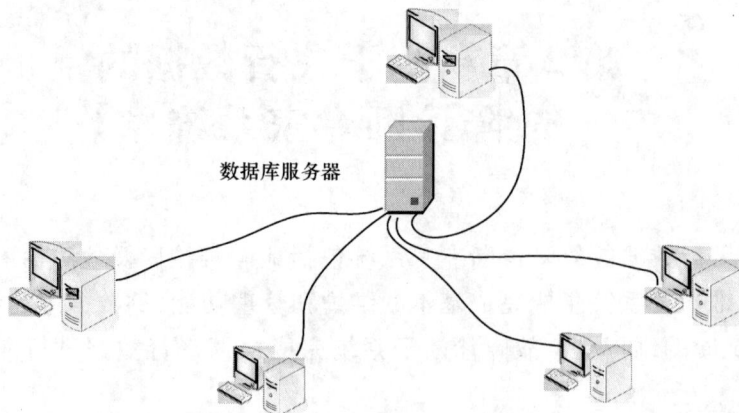

数据库服务器

图 2.1　故障诊断专家系统的硬件结构

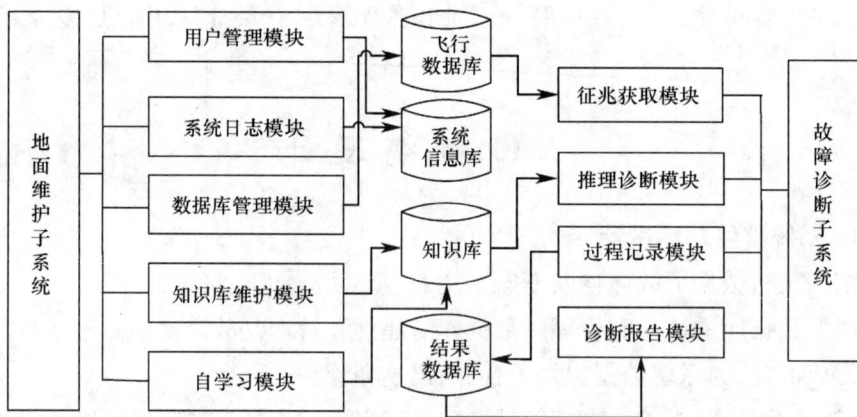

图 2.2　故障诊断专家系统软件整体结构

3. 故障诊断专家系统工作流程

（1）用户通过身份验证登录后，进入故障诊断专家系统的子系统选择界面。

（2）在系统使用过程中，如果用户需要进行故障诊断，则进入故障诊断子系统进行故障诊断。

（3）在系统使用过程中，如果用户需要进行维护，则进入维护子系统进行数据库管理、模型维护等操作，并通过自学习功能丰富知识库。

（4）在系统运行过程中，日志管理模块可以记录下各用户的操作使用情况。故障诊断专家系统的工作流程如图 2.3 所示。

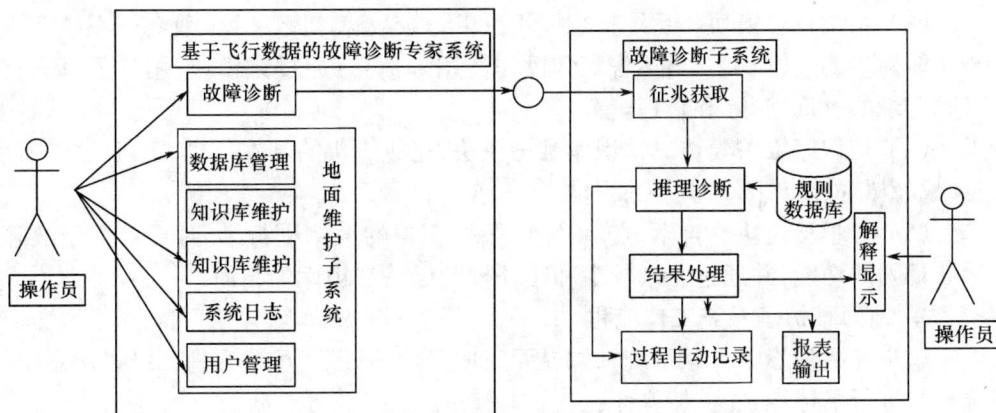

图 2.3　故障诊断专家系统的工作流程

2.2　分系统设计

2.2.1　地面维护子系统设计

1. 地面维护子系统功能设计

在专家系统软件平台的支持下,通过用户需求分析,按照模块化、通用化的设计要求,设计了地面维护子系统的相应功能。其主要包括以下几个方面:

(1) 支持领域专家输入和修改知识库。

(2) 支持故障诊断专家系统涉及的所有数据库管理维护。

(3) 支持故障诊断专家系统使用日志的生成。

(4) 支持自学习的功能,并将获取的知识存储到知识库中。

(5) 对用户的权限和信息进行设置与管理。

2. 地面维护子系统体系结构设计

地面维护子系统是故障诊断专家系统的基础维护平台,因此,其设计的合理性直接关系到整个系统的运行效率。该系统化分成以下几个功能模块:

(1) 用户管理模块。用户管理模块主要完成用户登录、身份验证及用户添加、删除、用户权限和状态等资料修改功能。用户管理功能是有权限的,只有系统管理员才能进行用户管理;操作员只能修改自身登录名和登录密码等资料。

用户权限分为系统管理员和系统操作员。系统管理员具有最高级别权限,能够执行系统的一切功能(包括管理和使用等功能);系统操作员只能执行最基本的使用功能。

(2) 数据库管理模块。数据管理模块支持数据库文件的存储、查看、修改、删除等管理操作,支持数据条目的复制、查找等编辑操作。

11

（3）系统日志模块。系统日志模块可以记录故障诊断专家系统各子系统及主要功能模块的运行状态、出错告警和操作使用等信息；通过该模块，用户还可进行日志记录的查询、删除和管理。

（4）知识库维护模块。知识库维护模块，完成飞机的基本信息、飞机的状态信息、故障树、故障诊断知识等的维护。

（5）自学习模块。自学习模块完成根据积累的案例进行学习，提取用于故障诊断规则的功能，并通过冗余校验和循环校验保持知识库的精简。

3. 地面维护子系统工作流程

用户在故障诊断专家系统登录界面完成身份验证后，可进入地面维护子系统，选择并进行下述维护、支持操作：

（1）领域专家可以通过知识维护模块输入、删除、修改知识库。

（2）管理员通过模型维护模块可实现对故障仿真模型的维护。

（3）用户可以在日志管理模块中获得相关日志信息。

（4）不同的用户在系统中享有相应的权限，通过用户管理模块可以查看、管理用户信息。

2.2.2 故障诊断子系统设计

1. 故障诊断子系统功能设计

在专家系统软件平台和维护子系统的支持下，通过用户需求分析，按照模块化、通用化的设计要求，设计了故障诊断子系统的相应功能，故障诊断子系统的总体结构如图 2.4 所示。其主要包括以下功能：

（1）征兆获取。是指从飞行数据中获取用于诊断的征兆信息。例如，左发动机高压转子转速大于 4500r/min 且持续 3s 以上，就是一条征兆信息。在获取征兆信息时，首先需要从飞行数据中获取左发动机高压转子转速这个参数，然后在判断这个参数是否满足大于 4500r/min 且持续 3s 以上。

（2）故障诊断推理。是指以获取的征兆信息为触发，根据规则库中的知识进行推理诊断。

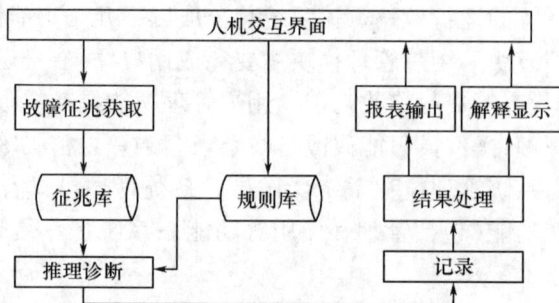

图 2.4 故障诊断子系统的总体结构

（3）故障诊断结论的解释。对于故障诊断系统的任何使用者和操作者而言，都不希望面对的是一个"黑箱"，因此不仅需要输出诊断结果，还要将诊断过程解释给使用者。

（4）故障诊断结果报表的输出。是指以规范化的形式输出和存储，这样不仅有助于信息的保存，而且还有利于提高不同部门之间信息交流的效率。

2. 故障诊断子系统的总体结构设计

地面诊断专家系统具有智能推理功能，整个系统由多个功能模块组合而成，为降低开发难度和很好地实现与开发人员的合作，应按下面思想设计专家系统：

（1）软件结构的层次化、模块化、通用化。

（2）知识表示的代码化、相互联系化。

（3）各个模块之间的关系明确清晰。

（4）知识库采用动态组织形式，具有可扩充性。

3. 故障诊断子系统的工作流程

故障诊断子系统的工作流程（图 2.5）如下：

（1）征兆获取模块将故障征兆信息提取出来，作为基本故障事件。

（2）推理机根据故障树规则和故障征兆进行匹配推理，并将推理的结果用报表进行输出。

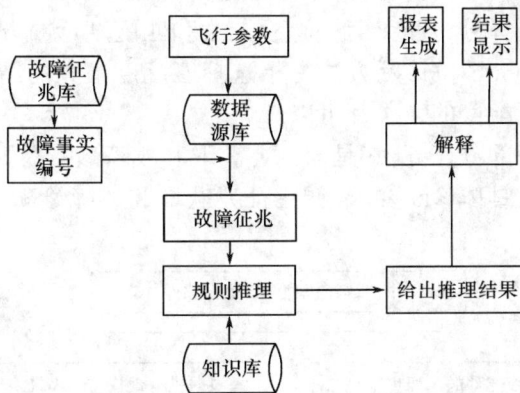

图 2.5　故障诊断子系统的工作流程

4. 故障诊断子系统的功能模块设计

1）任务配置模块

为了使故障诊断系统具有可扩展性，故障诊断系中设置了任务配置功能。使用者可以利用任务配置功能，对诊断任务、诊断方法等进行配置。

任务配置界面如图 2.6 所示，包括隶属信息配置区、源文件选择区和诊断方式选择三部分。

（1）隶属信息配置用于选择所要进行诊断的机型、系统和部件，其中机型和系

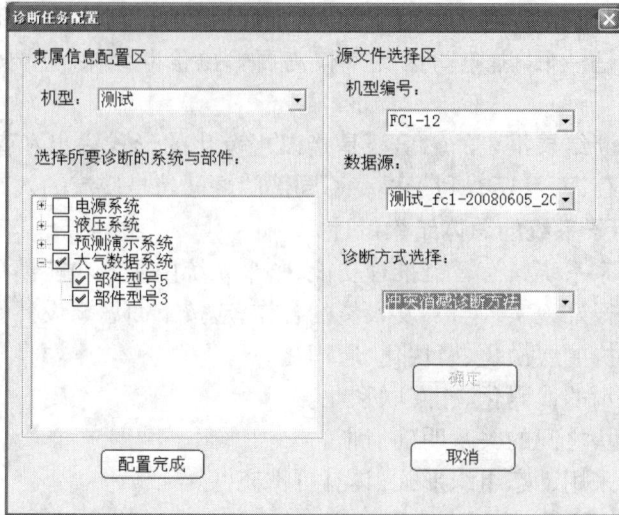

图 2.6　任务配置界面

统一次只能选择一种,但是同一机型和系统下的部件可以选择多个。

（2）源文件选择是在确定机型后,显示对应机型的全部飞机编号,由用户选择所要诊断的飞机编号。选定飞机编号后,对应此飞机编号的数据源文件即显示于数据源下拉列表框中,用户需要选择所要进行诊断的文件。

（3）诊断方式选择分为冲突消解诊断方法和匹配度诊断方法,有用户根据实际需要自行选择。冲突消解诊断方法是指选择匹配度最大的结果;匹配度诊断方法是指凡满足指定匹配度的结果都可以。

任务配置完成两部分任务:一是为征兆获取和故障诊断提供所需参数;二是作为控制端根据每一次具体诊断要求,调用征兆获取和故障诊断功能。任务配置工作流程如图 2.7 所示。

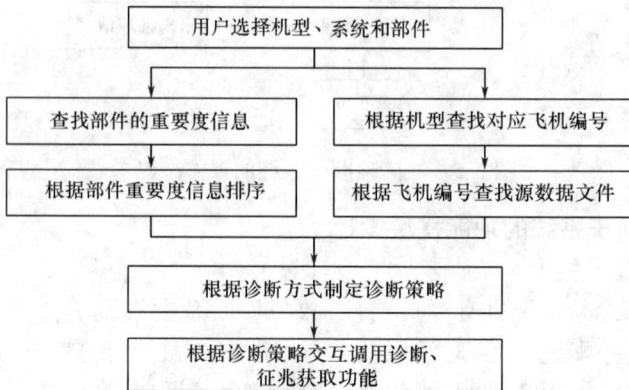

图 2.7　任务配置工作流程

2）推理诊断模块

（1）模块设计。推理诊断功能是在任务配置的诊断策略控制下读入需获取的征兆,并根据征兆获取的结果进行故障诊断;同时将诊断的过程、结果和诊断的进程说明显示于用户界面,并支持用户将诊断结果以报告文件的形式输出。推理诊断又分为基于匹配度和基于冲突消解策略的两种。

推理诊断工作界面如图 2.8 所示,可清晰地看到征兆信息、诊断结果、诊断过程等信息。

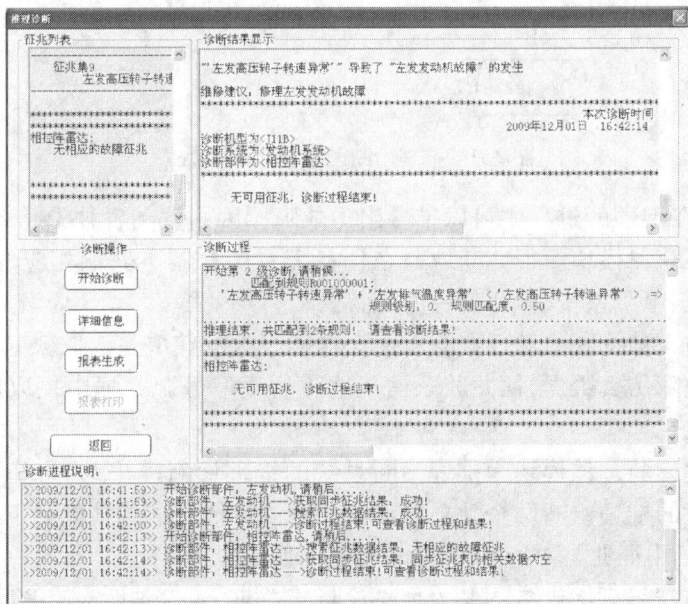

图 2.8　推理诊断工作界面

推理诊断功能如下:

① 故障征兆的读取、显示。

② 根据具体的推理策略进行规则的查询。

③ 以征兆作为触发进行推理诊断。

④ 对推理过程以及结果进行解释。

⑤ 诊断完成后允许用户选择将诊断结果以报告的形式输出。

推理诊断子模块的工作流程(图 2.9)如下:

① 启动后,根据任务配置的诊断策略读取征兆,并将其显示于征兆列表框中。

② 系统根据相应诊断策略查找对应规则。

③ 根据规则、征兆,进行推理、优化,并将推理过程、最终结果和诊断进程说明显示于"诊断过程""诊断结果显示"和"诊断进程说明"框中。

该推理机利用故障征兆获取模块获得的故障征兆和故障树转化而来的规则(还包含部分手动输入的规则),进行由故障原因(即故障征兆)到故障结果的正向

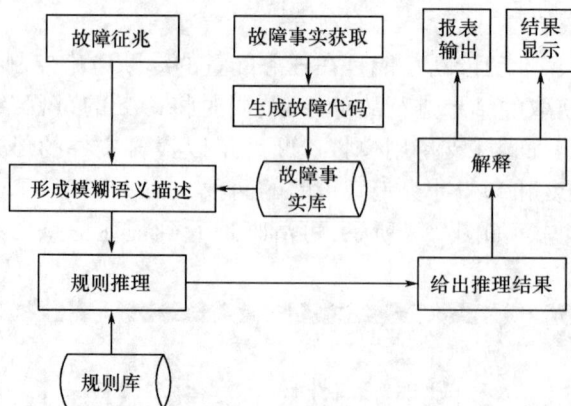

图 2.9　推理诊断子模块工作流程

式推理,并且在推理的过程中可以推导出由故障原因引发的各种中间部件故障。

(2)征兆获取模块。征兆获取是在任务配置的控制下获取相应的征兆,可以进行单个机型、单个系统、多个部件的配置。

该模块包含数据获取和征兆获取两个功能。数据获取是读取数据库中需要诊断的对象的故障仿真数据,征兆获取是从故障仿真信号源数据中提取用于诊断推理的故障征兆。

(3)推理诊断。该模块为推理诊断系统的推理诊断模块,分为基于冲突消解和基于匹配度的推理诊断两个独立的诊断功能。具体完成的功能如下:

① 根据可用征兆与对应规则进行初次推理优化。

② 根据初次推理优化结果,以及所选诊断方法进行冲突消解或使用匹配度筛选。

推理诊断模块的工作流程(图 2.10)如下:

① 读取征兆,将征兆对应规则存入链表。

② 进行第一次优化,将前提与结论均相同的规则合并。

③ 进行第二次优化:

a. 基于冲突消解策略的诊断。根据满足规则的匹配度大小,选择匹配度大者进行下一级推理。

b. 基于匹配度阈值的诊断。将各满足的规则前提与用户输入的匹配度阈值进行比较:大于或等于阈值的将其结论进行下一级匹配;小于匹配度阈值的,停止推理,给出此时的维修结论。

④ 若推理级别为 0,则完成推理。

⑤ 显示推理结果并给予解释。

(4)推理解释。该模块为推理诊断子系统的解释模块,完成的功能如下:

① 根据推理过程将详细内容显示于用户界面。

② 根据推理诊断结果进行解释说明。

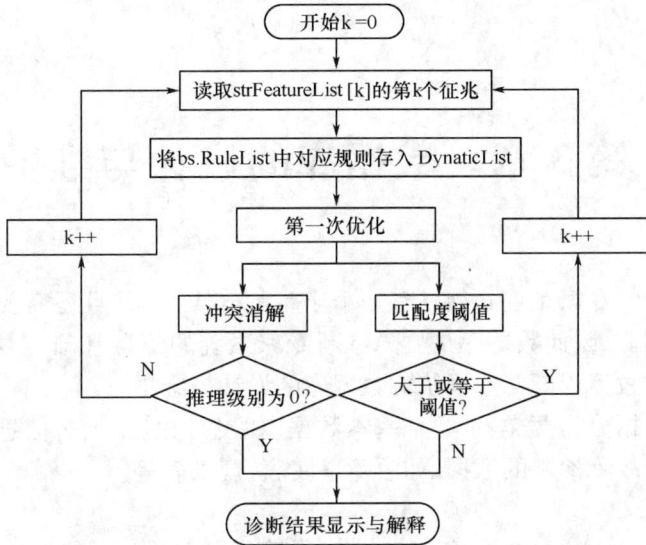

图 2.10　推理诊断模块的工作流程

③ 将故障、征兆和对应的具体参数信息统一反馈于界面。

④ 根据推理进程将推理的进程信息显示于用户界面。

解释模块的工作流程(图 2.11)如下：

① 若推理级别为 0,则初始化列表框。

② 若推理级别不为 0,则继续进行推理读取 TempList 链表,其中 TempList 链表中记录了推理过程所用到的所有规则按顺序显示各级别推理结论。

③ 对结论做出解释。

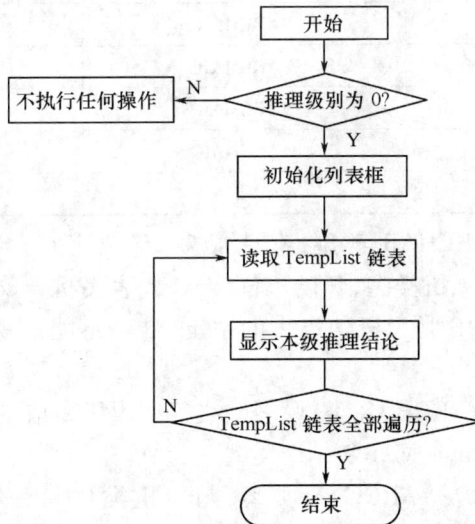

图 2.11　解释模块的工作流程

第3章　数据库的设计与维护

一个成功的专家系统必须具有一个丰富的知识库,并且还需要一个能获取征兆信息的数据源,因此数据库是故障诊断专家系统的信息基础。本章主要介绍基于飞行数据的故障诊断专家系统的数据库的设计与维护。

本书将数据分为两类:一类是基本数据,如飞行数据、飞机信息、部件信息等;另一类是用于故障诊断的数据,如故障事实表、规则表等。

3.1　数据库设计

3.1.1　基本数据表

1. 信息编码表

1）飞机信息表

飞机信息表见表 3.1。

表 3.1　飞机信息表

字段	数据类型	说明
PlaneID	VARCHAR	飞机 ID
PlaneType	VARCHAR	飞机型号
PlaneIndexNum	VARCHAR	飞机编号
FlightTypeID	VARCHAR	飞机类型 ID
Dscription	VARCHAR	备注

（1）PlaneID:VARCHAR 类型,支持最多 20 位字符。字段值格式为"PT + Pxxx",其中:PT 代表飞机类型,长度不固定;P 代表飞机;xxx 代表取值范围 001 ~ 999 的自然数。飞机 ID 是飞机信息表的主键,唯一不能重复,它与"飞机编号"一一对应。

（2）PlaneType:VARCHAR 类型,表明飞机所属机型信息。

（3）PlaneIndex Num:VARCHAR 类型。

（4）FlightType ID:VARCHAR 类型,与飞机类型一一对应。字段值格式为"PTxxx",其中:PT 代表飞机类型;xxx 代表取值范围 001 ~ 999 的自然数。

（5）Dscription:VARCHAR 类型,支持最多 100 位字符,填写飞机备注信息。

18

2）飞行参数信息表

飞行参数信息表见表3.2。

表 3.2　飞行参数信息表

字段	数据类型	说明
ParaID	CHAR	飞行参数 ID
ParaName	VARCHAR	参数名称
ParaCode	CHAR	参数代码
ParaUnit	VARCHAR	参数单位
SampleRate	REAL	采样率
Max	DOUBLE	上限
Min	DOUBLE	下限
Dscription	VARCHAR	备注
SignalType	VARCHAR	信号类型

（1）ParaID（主键）：飞行参数 ID 是飞行参数（区分记录仪类型）的唯一标识编号，CHAR 类型，共有 7 位。字段值格式为"Pxxxxxx"其中：P 代表飞行参数；xxxxxx 代表参数编号，取值为 000000～999999，按照添加到数据库中的次序顺序编号。

（2）ParaName：VARCHAR 类型，表示飞行参数的名称。

（3）ParaCode：CHAR 类型。

（4）ParaUnit：VARCHAR 类型，表示飞行参数单位。

（5）SampleRate：REAL 类型，小于 1 的取小数。

（6）Max：DOUBLE 类型。

（7）Min 限：DOUBLE 类型。

（8）Dscription：VARCHAR 类型，最多 100 个字符，飞行参数的备注信息。

（9）SignalType：VARCHAR 类型，表明信号的传输类型，如 429、422 等。

3）系统编码表

系统编码表见表3.3。

表 3.3　系统编码表

字段	数据类型	说明
SystemID	CHAR	系统 ID
SystemName	VARCHAR	系统名称
Dscription	VARCHAR	备注
SystemType	VARCHAR	系统类型

（1）SystemID（主键）：CHAR 类型，共有 5 位。字段值格式为"SYSxx"，其中：SYS 代表系统；xx 代表系统编号，取值为 01～99。

（2）SystemName：VARCHAR 类型。

（3）Dscription：VARCHAR 类型，填写系统备注信息。

（4）SystemType：VARCHAR 类型，表明系统是军用还是民用。

4）部件信息表

部件信息表见表3.4。

表 3.4　部件信息表

字段	数据类型	说明
ComponentID	VARCHAR	部件 ID
Componentmodel	VARCHAR	部件名称
Manufacturer	VARCHAR	生产厂家
ComponentType	VARCHAR	部件类型（军/民）
Importance	CHAR	部件重要度
Dscription	VARCHAR	备注

（1）ComponentID（主键）：VARCHAR 类型，共有 9 位。字段值格式为"PAR-Txxxxx"，其中：PART 代表部件；xxxxx 代表部件编号，取值为 00001 ~ 99999。

（2）Componentmodel：VARCHAR 类型。

（3）Manufacturer：部件所属生产厂家。

（4）ComponentType：部件的用途类型，分为军用或民用。

（5）Importance：CHAR 类型，0 ~ 1 之间。

（6）Dscription：VARCHAR 类型，填写系统备注信息。

2. 关系表

1）飞行参数关联表

飞行参数关联表见表3.5。

表 3.5　飞行参数关联表

字段	数据类型	说明
ParaID	CHAR	飞行参数 ID
PlaneType	VARCHAR	飞机型号
SystemID	CHAR	系统 ID

（1）ParaID（主键）：CHAR 类型，共有 7 位。飞行参数 ID 与飞行参数信息表的主键——飞行参数 ID 一致。

（2）PlaneType：VARCHAR 类型，表明飞机所属机型信息。

（3）SystemID：CHAR 类型，与系统编码表中主键——系统 ID 一致。

2）机型 – 系统关联表

机型 – 系统关联表见表3.6。

表 3.6　机型 – 系统关联表

字段	数据类型	说明
PlaneModelID	VARCHAR	机型 ID
SystemModelID	VARCHAR	系统 ID

（1）PlaneModelID：机型编码，具体编码规则和含义同"飞机信息表中的 Flight-TypeID"。

（2）SystemModelID：系统编码，具体编码规则和含义同"系统编码表中的 SystemID"。

3）系统 – 部件关联表

系统 – 部件关联表见表 3.7。

表 3.7　系统 – 部件关联表

字段	数据类型	说明
SystemModelID	VARCHAR	系统 ID
ComponentModelID	VARCHAR	部件 ID

（1）SystemModelID：系统编码，具体编码规则和含义同"系统编码表 – SystemID"。

（2）ComponentModelID：部件编码，具体编码规则和含义同"部件信息表 – ComponentID"。

4）参数 ID 与原始数据文件字段名关联表

参数 ID 与原始数据文件字段各关联表见表 3.8。

表 3.8　参数 ID 与原始数据文件字段各关联表

字段	数据类型	说明
ParaID	CHAR	飞行参数 ID
OriginDataFileFieldName	VARCHAR	原始数据文件字段名称

（1）ParaID（主键）：CHAR 类型，共有 7 位。

（1）OriginDataFileFieldName：VARCHAR 类型。

3. 原始飞行数据表

1）数据表名称要求

希望能通过飞机机型、飞机编号和飞行时间迅速查找到 DB2 中所需数据表，要求保存到 DB2 的数据表的名称包含以上信息。具体格式如下：

飞机机型_飞机编号_起飞时间_降落时间

四部分之间由下画线"_"分隔。

2）数据表列名要求

第一列为"相对时间"。

要求数据表中的列名应与 IDC 文件中的参数名称一致。

3）具体数据格式设定

（1）数据为连续量，设为 DOUBLE 型。

（2）数据为布尔量，设为 INT 型。

4）数据取点

无论采样率为多少，每秒只取第一个数作为参数值。

4. 航空 429 总线数据维护表

航空 429 总线数据维护表见表 3.9。

表 3.9 航空 429 总线数据维护表

字段	数据类型	说明	字段	数据类型	说明
ParaName	VARCHAR	参数名称	Bit15	VARCHAR	位 15
Label	CHAR	标号	Bit16	VARCHAR	位 16
DataForm	CHAR	数据格式	Bit17	VARCHAR	位 17
ResolvingRate	DOUBLE	分辨率	Bit18	VARCHAR	位 18
LSBPosition	INTEGER	最低数据位位置	Bit19	VARCHAR	位 19
MSBPosition	INTEGER	最高数据位位置	Bit20	VARCHAR	位 20
StartValue	DOUBLE	数据起始位数值	Bit21	VARCHAR	位 21
EndValue	DOUBLE	数据结束位数值	Bit22	VARCHAR	位 22
ICAID	VARCHAR	ICA 标号	Bit23	VARCHAR	位 23
PlaneType	VARCHAR	机型	Bit24	VARCHAR	位 24
Bit11	VARCHAR	位 11	Bit25	VARCHAR	位 25
Bit12	VARCHAR	位 12	Bit26	VARCHAR	位 26
Bit13	VARCHAR	位 13	Bit27	VARCHAR	位 27
Bit14	VARCHAR	位 14	Bit28	VARCHAR	位 28

（1）ParaName：429 总线参数，VARCHAR 类型，共有 50 位。

（2）Label：通过标号可以知道所测量或传输的是什么参数，CHAR 类型，共有 10 位。

（3）DataForm：此表只维护，BCD 码（二进制编码的十进制数）和 BNR 码（二进制码）只能选其一，CHAR 类型，共有 10 位。

（4）ResolvingRate：DOUBLE 类型。

（5）LSBPosition：INTEGER 类型，共有 4 位。

（6）MSBPosition：INTEGER 类型，共有 4 位。

（7）StartValue：DOUBLE 类型，共 8 有位。

（8）EndValue：DOUBLE 类型，共有 8 位。

（9）ICAID：VARCHAR 类型，共有 10 位。

（10）Bit11 ~ Bit28：第 11 位 ~ 第 28 位，对应各个位的数值或填充位，VARCHAR 类型，共有 10 位。

3.1.2 故障诊断子系统数据库设计

知识库是问题求解知识的集合，存放着作为专家经验的判断性知识，用于某种结论的推理、问题的求解，以及对于推理、求解知识的各种控制知识。构造专家系统首先要构造一个结构优化的知识库。故障诊断专家系统的故障诊断子系统以记录在黑匣子中的参数为数据源进行故障诊断，即原始故障征兆要在自黑匣子记录的飞行参数中提取。规则是专家系统进行诊断的依据，表现了故障征兆与故障模式之间的内在联系。知识库的设计主要包含数据库中各表的设计和各表之间关系的设计。

1. 故障事实表

故障事实表是整个故障诊断专家系统基本信息的存储场所，保存着各种描述信息，见表 3.10。故障事实表是规则、故障树信息、征兆信息维护和存储的基础。

表 3.10　故障事实表

字段	数据类型	说明
FactID	VARCHAR	事实编号
FactDescription	VARCHAR	对事实的全部信息描述
FactAddition	VARCHAR	附加描述

（1）FactID：事实编号。FactID 字段为故障代码，18 位。其中：第 0 位为 F，表示 fact（事实）；其他 17 位为故障事实编码，以区分不同的故障事实。第 1～3 位为机型编码，具体编码规则及含义同"飞机信息"表中"FlightTypeID"；第 4～6 位为系统编码，具体编码规则及含义同"系统编码表"中"SystemID"；第 7～11 位为部件编码，具体编码规则及含义同"部件信息表"中"ComponentID"；第 12～17 位为具体故障事件编码，在输入故障事实时由系统自行分配。

（2）FactDescription：对事实的全部信息描述，描述字符串应该以最能表明事件特征的关键词和最常见的概念来组织，因为该字段的值会用于字符串匹配中。

（3）FactAddition：附加描述。

2. 故障树节点位置信息表

故障树节点位置信息表主要是保存建立好的故障树中每个节点的信息以及故障树的拓扑结构信息，见表 3.11。其作用是保存完整的故障树信息，在故障树信息转化为规则知识时，可以将产生的规则自动存储到规则表。故障树节点位置信息表中的数据来自领域专家人工建立故障树时输入的信息。

表 3.11　故障树节点位置信息表

字段	数据类型	说明
NodePosID	CHAR	节点在故障树中的位置编号
FactID	CHAR	故障代码
ParentNodePosID	CHAR	父节点的 NodePosID 编号
NodeChildNum	INT	节点的孩子节点数目
NodeGateType	INT	节点的门类型
MatchDegree	文本类型	节点匹配度

（1）NodePosID：表的主键。节点在故障树中的位置编号,8 位,故障树采用层次遍历,链表存储。每一个故障障树中的一个节点对应一个故障事实。第 8 位为 P 表示 position（位置）：[7:5]位表示属于第几棵故障树,因为建立的故障树都保存在此表中,不同的故障树之间要以[7:5]位来标识；[4:3]位表示节点在故障树中的层数,最多表示 100 层；[2:1]位表示节点在层中由左到右数的序号,最多表示 100 个。由[4:1]位可以知道,一棵故障树最多可以有 10000 个节点。

（2）FactID：FtFactID 字段为故障代码,具体方式见故障事实表。

（3）ParentNodePosID：父节点的 NodePosID 编号。顶节点无父节点,规定顶节点的此字段值编号为 0。

（4）NodeChildNum：节点的子节点数目,int 类型,叶子节点的值 0。

（5）NodeGateType：节点的门类型,1 位 int 类型,0 表示"与门",1 表示"或门",2 表示没有门的叶子节点。叶子节点可以根据 NodeChildNum 节点值为 0,自动填入默认值 2。

（6）MatchDegree：节点匹配度,文本类型。所代表的数值范围在 0 ~ 1 之间,表示该节点事实的发生对其父节点事实发生的贡献程度。如果该节点与其兄弟节点之间是"与"关系,则各兄弟节点的匹配度之和应为"1"；若为"或"关系,则系统会在转化为规则时自动置为"1"。

3. 规则表

规则表用于存储用于推理的规则（表 3.12）,规则表中的规则由故障树信息表转化的规则和在规则维护界面手动输入的规则两方面获得。

表 3. 12 规则表

字段	数据类型	说明
RuleID	CHAR	规则编号
PreFactList	VARCHAR	前提故障代号链
ConclusionID	VARCHAR	规则结论的故障代号
ReasonLevel	int 类型	规则结论节点事实在故障树中的层数
MatchDegree	文本类型	规则各个前提的匹配度

（1）RuleID：规则编号,10 位字符,第 10 位为 R,表示 rule（规则）,第 [9:7]位表示该规则由所属的故障树,第[6:1]位用来标志故障树转化而来的第几条规则。一共可以存 999999 条规则。

注：手动输入的规则是 000。

（2）PreFactList：前提故障代号链,文本类型,每个故障代号之间以"and"分开,其中的每个故障代号是规则中的一个前提条件,如果是"与"门,把每个故障树节点的孩子节点编号 FactID 添加到此字段,并以"and"隔开,便于推理时,根据"and"提取故障代号。

（3）ConclusionID：规则结论的故障代号。

（4）ReasonLevel：int 类型。对应规则结论节点事实在故障树中的层数（层数由顶至底，编号从 0 开始，顶层对应编号 0。如果是由手动添加的规则，则该字段填入"－1"。

（5）MatchDegree：文本类型。对应于规则各个前提的匹配度，中间以空格分隔，且所有前提的匹配度之和应为"1"。

4. 推理动态表

推理动态表主要保存推理过程中每一步的信息（表 3.13），以便于推理过程的解释。

表 3.13　推理动态表

字段	数据类型	说明
RuleID	CHAR	规则编号
FactID	CHAR	前提征兆编号
ReasonProcess	Long	推理步骤
RcasonOrder	int 类型	推理顺序
RuleOrder	Double	匹配度
REPORTOUT	VARCHAR	报告输出标记
FEATURESETID	VARCHAR	征兆集编号

（1）RuleID：推理过程中使用过的规则编号，与 RuleTbl 中 RuleID 一样。

（2）FactID：推理过程中满足当前规则的前提征兆的编号，与故障节点位置信息表中的 FactID 字段的编号规则一致。

（3）ReasonProcess：用于推理时记录推理的具体步骤，以及判断推理是否结束和解释模块。

（4）ReasonOrder：推理时用于存储推理过程的顺序号，便于进行对推理过程进行排序。

（5）RuleOrder：推理时用于记录规则的匹配度，便于推理过程中进行冲突消解。

（6）REPORTOUT：报告输出标记，用于诊断报告的输出标记，字符"T"表示要在报告中输出。

（7）FEATURESETID：征兆集编号，记录某个部件的征兆集编号。

5. 规则回收表

规则回收表用于自学习模块的规则库维护子模块中，以存储删除的冗余规则，见表 3.14。其中各字段与表 3.12 完全一致，只是增加了一个 ChangedInf 字段，记录删除该规则时的时间信息。

（1）RuleID：规则编号，与 RuleTbl 中 RuleID 一样。

（2）ChangedInf：记录规则被删除的时间。

表 3.14　规则回收表

字段	数据类型	说明
RuleID	CHAR	规则编号
ChangedInf	VARCHAR	规则删除时间
PreFactList	VARCHAR	前提故障代号链
ConclusionID	VARCHAR	规则结论的故障代号
ReasonLevel	INT	规则结论节点事实在故障树中的层数
MatchDegree	文本类型	规则各个前提的匹配度

（3）PreFactList：前提故障代号链，文本类型，每个故障代号之间以"and"分开，其中的每个故障代号是规则中的一个前提条件，如果是"与"门，把每个故障树节点的孩子节点编号 FactID 添加到此字段，并以"and"隔开，便于推理时，根据"and"提取故障代号。

（4）ConclusionID：规则结论的故障代号。

（5）ReasonLevel：int 类型，对应规则结论节点事实在故障树中的层数（层数由顶至底，编号从 0 开始，顶层对应编号 0。如果是由手动添加的规则，则该字段填入"−1"。

（6）MatchDegree：文本类型。对应于规则各个前提的匹配度，中间以空格分隔，且所有前提的匹配度之和应为"1"。

3.2　数据库维护

3.2.1　基本数据表维护

1. 飞机信息表维护

飞机信息表的维护主要有添加信息、修改信息、删除信息 3 种功能。添加信息功能是指单击添加按钮可以实现往数据库中添加新记录；修改信息功能是指在与数据表规则不冲突的情况下可实现修改；删除信息功能是指将直接从数据库中删除选中记录。

在删除飞机信息时，系统会检查飞机信息表中是否存在相同机型的飞机：如果存在，只是删除此架飞机在飞机信息表中的信息；否则，系统会指导用户将与此机型相关的所有信息全部删除。

注意：为保证系统数据的完整性和非歧义性，在删除不存在其他相同机型的飞机信息时，系统将进行关联数据的系列删除操作。因此，在执行此项操作前，用户务必确认删除的飞机信息确实无用后再删除，不可随意执行此操作。

2. 系统信息维护

系统信息维护能够管理和维护数据库中的系统信息表，主要有添加信息、修改信息、删除信息 3 种功能。

3. 部件信息维护

部件信息维护能够管理和维护预测数据库中的部件信息表,主要有添加信息、修改信息、删除信息 3 种功能。

4. 429 数据格式维护

429 信息维护界面如图 3.1 所示,按钮说明与前面维护模块基本一致。能够管理和维护航空 429 总线数据表,主要有添加信息、修改信息、删除信息 3 种功能。

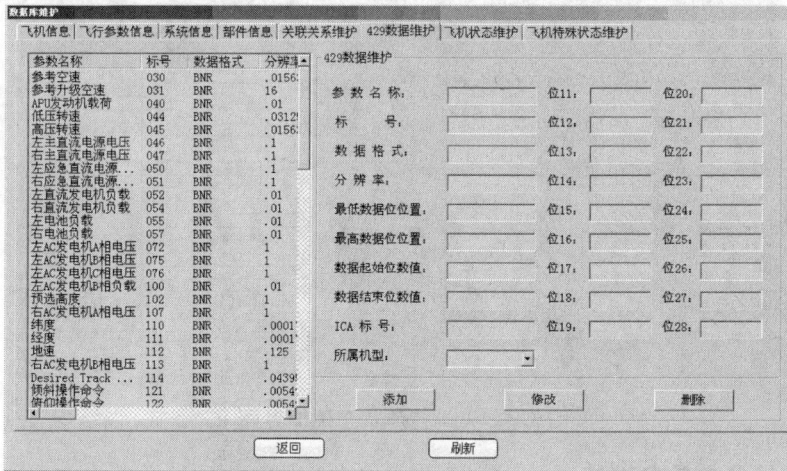

图 3.1　429 信息维护界面

5. 飞机状态信息维护

飞机一般状态信息维护界面如图 3.2 所示,按钮说明与前面维护模块基本一致。能够管理和维护飞机一般状态数据表,主要有添加信息、修改信息、删除信息 3 种功能。

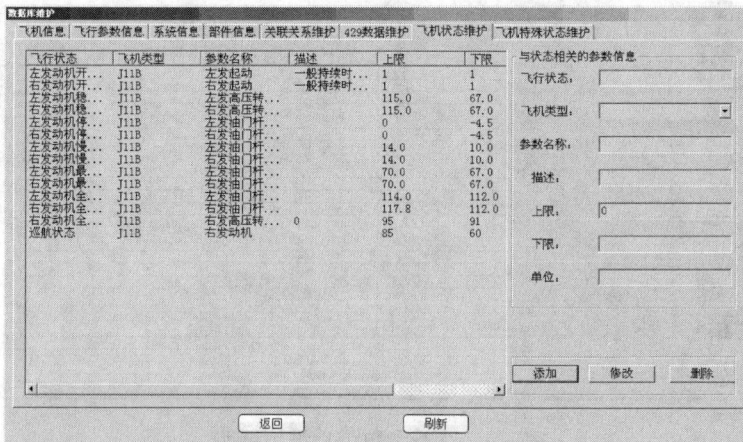

图 3.2　飞机一般状态信息维护界面

6. 飞机特殊状态信息维护

飞机特殊状态维护界面如图 3.3 所示,按钮说明同前面维护模块基本一致。能够管理和维护飞机特殊状态数据表,主要有添加信息、修改信息、删除信息 3 种功能。

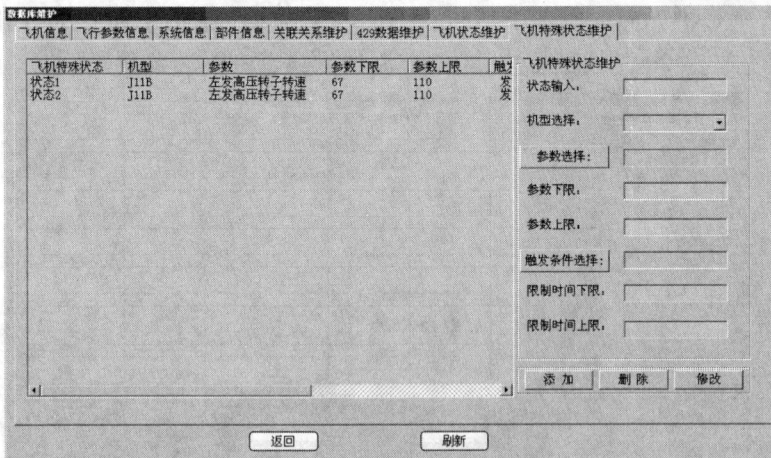

图 3.3　飞机特殊状态维护界面

7. 飞行参数信息维护

按钮说明同飞机信息维护基本一致,但在删除信息时不进行关联数据的删除操作。其操作界面如图 3.4 所示。能够管理和维护预测数据库中的飞行参数信息表,主要有添加信息、修改信息、删除信息 3 种功能。

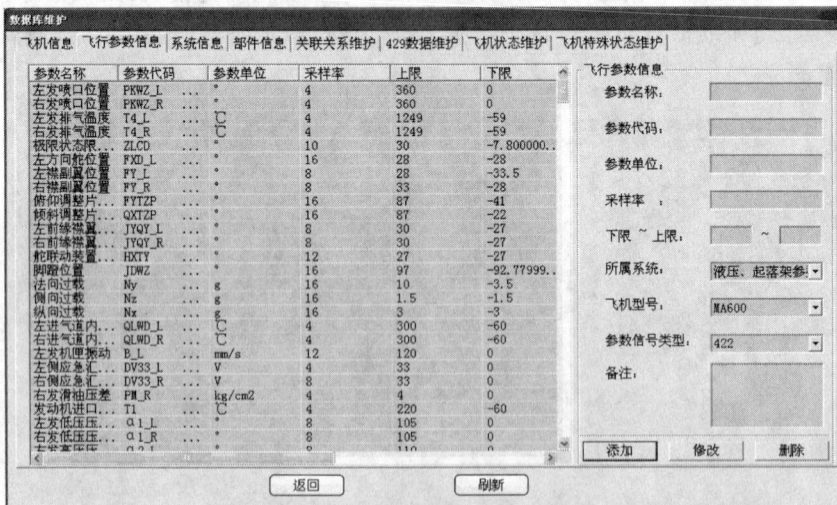

图 3.4　飞行参数信息维护界面

3.2.2　故障诊断子系统数据库维护

1. 知识库维护

界面设计本着简明友好、便于用户方便快捷操纵系统的原则设计,使用户能够方便快捷地操作。用户进入知识库维护模块以后,即可进入知识库维护模块界面,如图 3.5 所示。首先,用户需要确定进行知识库维护时信息所属的机型选择、系统选择和部件选择,若选择正确则系统提供对故障树信息库、规则库、故障征兆库、故障事实以及案例信息库进行维护,选择对应按钮即可进入不同的维护界面。

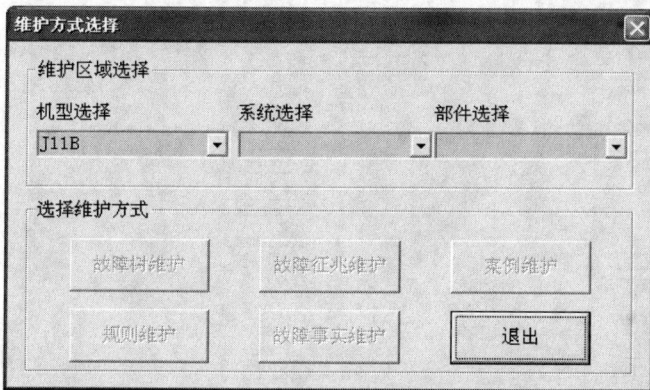

图 3.5　知识库维护界面

1）功能设计

知识库包含进行故障诊断所需的经验知识,是故障诊断子系统的核心部分。知识库维护模块主要对经验知识进行维护,它的主要功能有知识的查看、添加、删除和更改。具体功能如下:

（1）故障树信息库维护。支持用户选择"文字"或者"图形化"两种方式进行维护;支持用户建立和维护故障树;支持用户手动添加、修改和删除故障树各节点相关信息,并且能够更新界面显示。

（2）故障事实库维护。支持用户手动添加、修改和删除故障事实库中各故障条目信息,并且能够更新界面显示。

（3）规则库维护。支持用户手动添加、修改和删除规则库中各规则条目信息,并且能够更新界面显示。

（4）故障征兆库维护。支持用户手动添加、修改和删除征兆库中各征兆条目信息,并且能够更新显示在界面上。

（5）案例维护。支持用户手动添加、修改和删除案例库中各案例条目信息,以及以及案例数据生成相应的规则,并且能够更新显示在界面上。

2）模块入口

用户输入信息。

3）模块出口

（1）知识维护信息。

（2）模块出现故障时返回的错误信息。

2. 故障树信息维护

当用户选择"对话框方式"建立故障树时，进入以对话框式故障树维护界面，如图3.6所示。

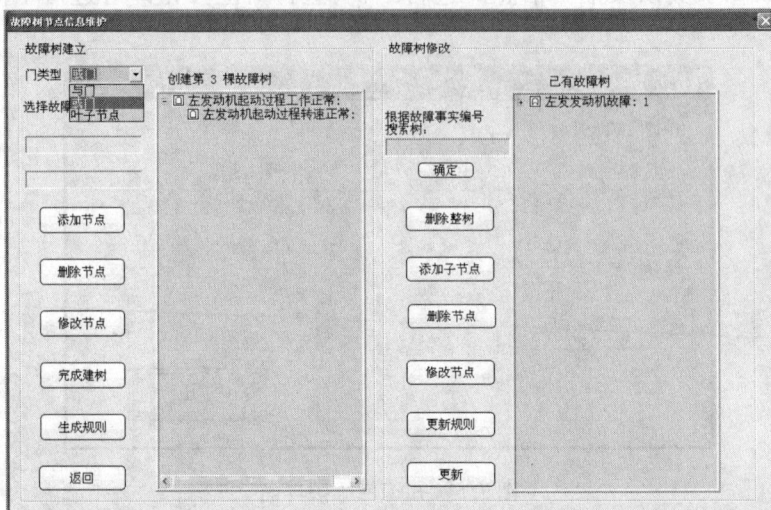

图 3.6　对话框式故障树维护界面

当用户选择"图形化方式"建立故障树时，进入以图形模式维护故障树的操作界面，如图3.7所示。

图 3.7　图形化故障树维护界面

故障树维护的工作流程如下：

（1）对话框式维护。

① 故障树建立：

a. 依据具体节点信息选择节点的故障事实、门类型以及匹配度值；

b. 添加设置节点信息；

c. 循环上述两个步骤，完成所有节点的添加；

d. 完成建树，故障树所有相关信息存入知识库。

② 故障树维护：

a. 查看知识库中存在的故障树信息。

b. 选择要维护的故障树。

c. 选择某一节点，单击"修改"按钮，在弹出的对话框中输入修改信息，完成当前节点的信息修改。

d. 选择某一节点，单击"删除"按钮，完成当前节点的删除。

e. 选择某一节点，单击"添加"按钮，输入要添加的节点信息，完成前一节点的子节点信息添加。

f. 选择更新显示，维护结果显示在列表框中，同时完成对知识库的维护。

（2）图形化维护。

① 故障树的建立：

a. 选取相应的事件、门类型和线条图标，放置在绘图区域内合适的位置上，完成故障树的绘制。

b. 完成故障树的绘制后，单击"OK"按钮，程序会弹出包含每一节点所含信息的对话框；用户依据前述故障树所属系统和部件选择相应的故障事实，即可完成所有故障节点信息的录入，同时所有节点信息存入知识库。

c. 完成故障树信息的输入之后，确定故障树信息无误，可单击"RULES"按钮，由故障树生成规则。

d. 单击"EXIT"按钮，返回上一级操作界面。

② 故障树维护：

a. 用户根据实际情况选择需要进行维护的故障树，此时在界面上会显示出故障树的树状结构图以及故障树所有节点的全部信息。

b. 选中需要维护的节点（单击鼠标右键），将会产生级联菜单；选择维护类别，如添加、删除、修改等，即将弹出相应的操作提示对话框；选择相应的操作或者输入修改信息，即可完成节点信息的维护。

c. 单击"刷新显示"按钮，将维护后的故障树的树状结构和节点信息更新后显示在界面上。

d. 单击"完成维护"按钮,将维护后的故障树信息存入数据库。

3. 故障事实库维护

1) 界面设计

当选择"故障事实库维护"时,进入故障事实库维护界面,如图 3.8 所示,其中文字部分是对故障事实的具体描述(此界面中显示的是一个例子故障电路中的故障描述),以"F"开头的是在系统中使用的故障事实内部编号。

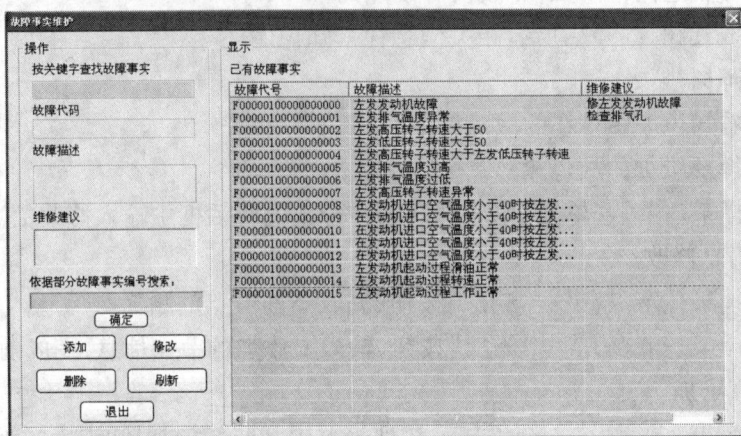

图 3.8　故障事实库维护界面

2) 工作流程

故障事实库维护模块的工作流程如下:

(1) 系统自动将所属当前系统和部件的所有故障事实显示在列表框中。

(2) 选择添加按钮,输入故障事实信息,单击"完成"按钮,完成该故障事实的添加。

(3) 选择某一事实条目,单击"删除"按钮,则会进行关联删除操作,确认关联删除操作,则完成该故障事实的删除。

(4) 选择某一事实条目,单击"修改"按钮,修改相关信息,完成该故障事实的修改。

(5) 单击"更新"按钮,将维护后的信息显示在列表框中,同时完成对知识库的维护。

(6) 在依据部分故障事实编号搜索栏内输入部分故障事实编号,单击"确定"按钮,程序将执行操作,便于用户快速查看故障事实信息。

4. 规则库维护

1) 界面设计

当用户选择规则库维护按钮时,进入规则库维护界面,如图 3.9 所示,其中"规则前提"和"规则结论"文字部分是规则前提和结论故障事实的具体描述。以"R"开头的是在系统中使用的规则内部编号。

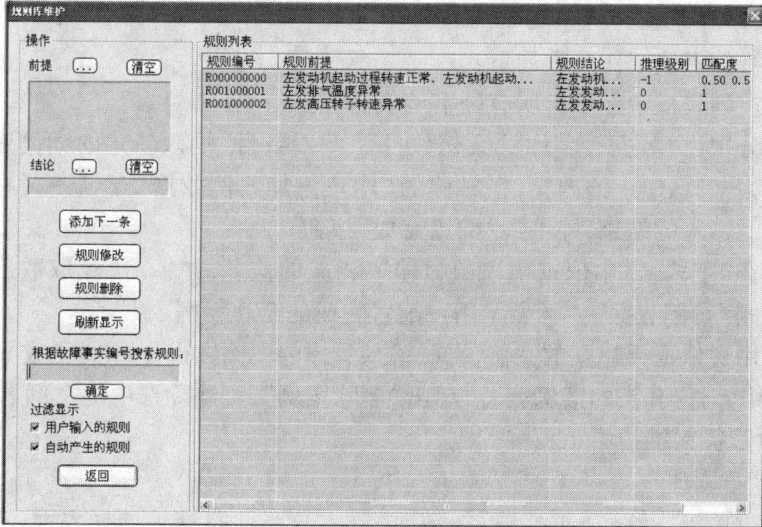

图 3.9　规则库维护界面

2）工作流程

规则库维护的工作流程如下：

（1）在前提列表框中，选择规划的前提，可以添加多个前提。

（2）在结论列表框中，选择规划的结论。

（3）可以选择规划修改、规则删除对规则进行维护。

5. 案例维护

1）界面设计

当用户选择案例维护按钮时，进入案例维护界面，如图 3.10 所示，其中右侧"案例数据"部分为用户的添加的具体案例数据。以"SAMPLE_"开头的是在系统中使用的案例表的内部编号。

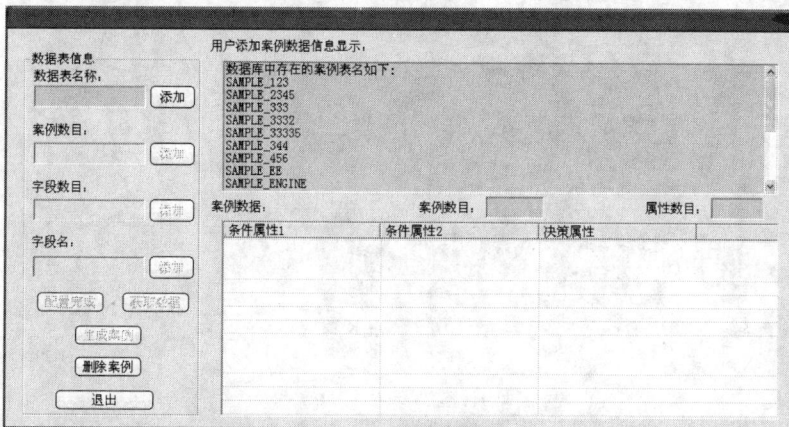

图 3.10　案例维护界面

33

2）工作流程

案例维护模块工作流程如下：

（1）在列表框中显示出所有的案例表名称。

（2）分别在"数据表名称""案例数目""字段数目"输入新建的案例表的所有相关信息，并确认输入的内容，在右侧的"用户添加案例数据信息显示"栏下则会显示用户的输入的结果，并单击"配置完成"按钮。

（3）在"字段名"中依据字段数目输入相应的信息，并单击"获取数据"按钮，程序在右侧"案例数据"栏下显示用户配置完成的全 0 案例数据。

（4）用户依据要建立的案例数据，输入具体的案例数据，单击"生成案例"（选择以"SAMPLE_"开头的案例表）。单击"删除案例"，则删除选中的案例数据表。

6. 故障征兆维护

1）界面设计

当用户单击"故障征兆维护"按钮时，进入故障征兆维护选择界面，有参数变化量型、参数型和时间变化量三种类型可供选择，如图 3.11 所示。

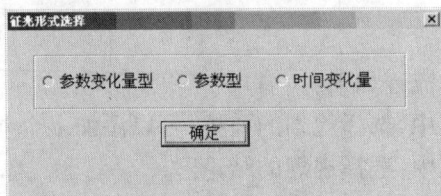

图 3.11　故障征兆维护选择界面

2）工作流程

三种类型的维护模块工作流程相同，现以参数变化量型为例，另两种类型类似。参数变化量型的主界面如图 3.12 所示。

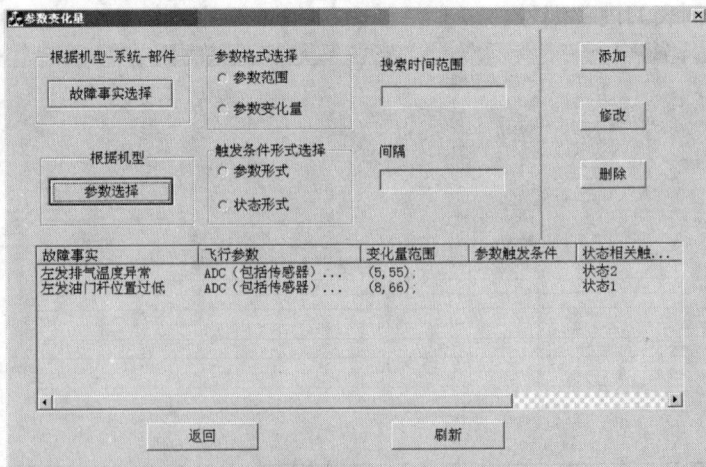

图 3.12　参数变化量型故障征兆维护界面

34

在故障事实列表框中显示出所有与机型 - 系统 - 部件对应的故障事实征兆内容。

（1）选择相关信息，单击"添加"按钮，完成该征兆的添加。

（2）选择要删除的征兆，单击"删除"按钮，完成该征兆的删除。

（3）选择要修改的规则，修改完成后，单击"修改"按钮，完成该条征兆的修改。

（4）单击"刷新"按钮，在列表框中刷新显示与机型 - 系统 - 部件相关的征兆。

（5）单击"返回"按钮，退出该种类型的维护。

第4章　故障征兆获取技术

故障征兆获取是专家系统诊断的一个前提任务,诊断必须由一系列的事发征兆迹象出发,进而推导其他故障。故障征兆隐藏在大量实际飞行数据中,需要经过一定的获取技术去挖掘、判断。本章主要介绍故障征兆获取技术。

4.1　故障征兆获取方法

本书是以飞行数据记录仪中的参数为获取故障征兆的信息源,它们需要通过特征提取,根据飞机各设备的正常工作特性及制订的判断标准判定其运行参数是正常还是异常。通常根据特征知识库判断正常和异常,在现场应用过程中,特征知识库靠现场运行人员的经验总结产生,判断标准不太严格:例如,轴位移为 $35\mu m$ 作为判断电动机振动状态异常的标准,但实际中轴位移在 $35\mu m$ 左右(不能超过容限范围)都能正常运行;又如,某电路输出端上的标称电流为 800mA,发生异常产生的电流是连续变化的,有一个容差范围,而不是标称电流为 800mA 之外都产生了异常。所以正常与异常的界限是模糊的,模糊集中的隶属函数正好是解决这种模糊情况的数学工具。

另外,现实数据中的各个特征可能具有不同的物理单位,由于量纲的不同,不能直接对原始数据进行聚类,因此,需要先去除物理单位的干扰,只考虑数量大小,这样对原始特征数据进行特征值模糊化,使其映射到[0,1]区间上才可满足这种要求。

为了避免在区间内均匀模糊量化隶属函数,应根据选择的特征参数不同,隶属函数选取相应的形式。特征参数异常报警有上限、上上限、下限、下下限和上下限同时报警等方式。如对于发动机真空度降低为下限报警、轴向位移为上限报警,可根据不同要求隶属函数选取不同的形式,如选升半 Cauchy 函数、降半 Cauchy 函数、梯形函数、正态函数等。另外,也可以根据历史数据构造特定的隶属函数。

人工神经网络具有函数逼近和记忆等功能,例如,BP 网络在样本训练的过程中不断调整连接权值,从而得到一个输入与输出之间的正确映射关系(在一定误差范围内)。这样一旦把经过大量飞参数据训练后得到的网络权值和节点连接关系保存在故障诊断专家系统的知识库中,使用时再读取相应的网络,即可进行飞参数据的征兆提取。故障征兆获取流程如图4.1 所示。

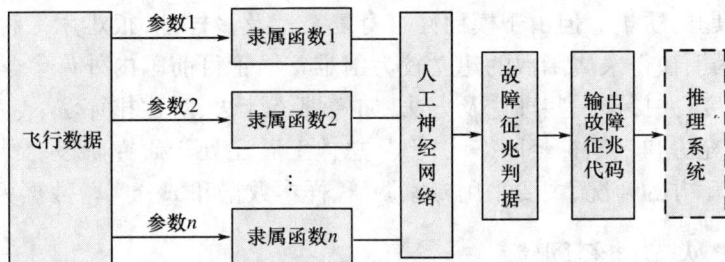

图 4.1　故障征兆获取流程

4.1.1　隶属函数与隶属度

在传统的逻辑中,一个命题被定义为可判断其真假的陈述语句。其真值可用真或假完全描述,当真值用数值表示时,用 1 表示真,用 0 表示假,这是一种确定性非此即彼逻辑。

但有些逻辑是不能用非此即彼来描述的,如发电机的转子温度可能过热,"过热"是个模糊概念,具体温度达到多少没有一个明确的分界点。所以它不是普通集合,不能简单用 0 或 1 来描述,而最好用一个数来反映它隶属于该模糊概念或模糊集合的程度。对于这类问题不能用特征函数来表征,但同样可以用与特征函数相似的隶属函数的概念来定义这类模糊集合。

1. 隶属函数与隶属度的概念

说明模糊集与隶属函数概念时,首先介绍集合与特征函数。

定义 4.1:设 A 是论域 U 上的一个集合,对任意 $u \in U$,令

$$C_A(u) = \begin{cases} 1, u \in A \\ 0, u \notin A \end{cases}$$

则 $C_A(u)$ 为集合 A 的特征函数,特征函数 $C_A(u)$ 在 $u = u_0$ 处的取值 $C_A(u_0)$ 称 u_0 对 A 的隶属度。

定义 4.2:设 U 是论域,A 是 U 上的一个集合,μ_A 是把任意 $u \in U$ 映射为 $[0,1]$ 上某个值的函数,即

$$\mu_A : U \to [0,1]$$
$$u \to \mu_A(u)$$

则 μ_A 为定义在 U 上的一个隶属函数,由 $\mu_A(u)(u \in U)$ 所构成的集合 A 称为 U 上的一个模糊集,$\mu_A(u)$ 称为 u 对 A 的隶属度。由定义看出,模糊集 A 完全由其隶属函数所刻画,隶属函数 $\mu_A(u)$ 把 U 中的每一个元素 u 都映射为 $[0,1]$ 上的一个值 $\mu_A(u)$,表示该元素隶属于 A 的程度,值越大表示隶属程度越高。当 $\mu_A(u)$ 的值仅为 0 或 1 时,模糊集 A 便退化为一个普通集合,隶属函数退化为特征函数。

2. 隶属函数的形式

用模糊集刻画模糊性时,隶属函数的建立是一件基本且关键的工作,它直接影

响到求解问题的质量。但由于模糊性自身复杂性及多样性,很难用一种统一的模式来建立,因而使得隶属函数的建立较为困难。尽管目前国内外许多学者对此进行了大量研究,并提出一些理论及方法,如模糊统计法、对比排序法、专家评判法、基本概念扩充法和人工神经网络法,但从总体上看还处于研究阶段。结合飞参数据的特性和厂方的情况,主要采用专家调研、样本数据和部分实验数据为基础。

4.1.2　BP 人工神经网络

BP 网络有很强的映射能力,主要用于模式识别和函数逼近。神经网络能对系统的输入输出信息进行处理,从实例中获取数值型知识,用训练好的网络连接权值表示知识。

1. BP 网络算法原理

BP 网络学习规则的指导思想是:对网络权值和阈值的修正要沿着表现函数下降最快的方向,即负梯度方向。设

$$x_{k+1} = \boldsymbol{x}_k - a_k g_k$$

式中:$\boldsymbol{x}_k$ 为当前的权值和阈值矩阵;g_k 为当前表现函数的梯度;a_k 为学习速率。下面介绍 BP 算法网络的推导。

假设三层 BP 网络输入节点 x_i、隐层节点 y_j、输出节点 z_l,输入节点与隐层节点间的网络权值为 w_{ji},隐层节点与输出节点间的网络权值为 v_{lj},当输出节点的期望值为 t_l 时,模型的计算公式如下:

(1) 隐层节点的输出:

$$y_j = f\left(\sum_i w_{ji} x_i - \theta_j \right) = f(\mathrm{net}_j)$$

式中

$$\mathrm{net}_j = \sum_i w_{ji} x_i - \theta_j$$

(2) 输出节点的计算输出:

$$z_l = f\left(\sum_j v_{lj} y_j - \theta_l \right) = f(\mathrm{net}_l)$$

式中

$$\mathrm{net}_l = \sum_j v_{lj} y_j - \theta_l$$

(3) 输出节点误差:

$$E = \frac{1}{2} \sum_l (t_l - z_l)^2$$

$$= \frac{1}{2} \sum_l \left(t_l - f\left(\sum_j v_{lj} y_j - \theta_l \right) \right)^2$$

$$= \frac{1}{2} \sum_l \left(t_l - f\left(\sum_j v_{lj} f\left(\sum_j w_{lji} x_i - \theta_j \right) - \theta_l \right) \right)^2$$

（4）误差函数对输出节点求导：

$$\frac{\partial E}{\partial v_{lj}} = \sum_{k=1}^{n} \frac{\partial E}{\partial z_k} \frac{\partial z_k}{\partial v_{lj}} = \frac{\partial E}{\partial z_l} \frac{\partial z_l}{\partial v_{lj}}$$

E 是多个 z_k 的函数，但只有一个 z_l 与 v_{lj} 有关，各 z_k 之间相互独立。其中：

$$\frac{\partial E}{\partial z_l} = \frac{1}{2} \sum_k \left[-2(t_k - z_k) \cdot \frac{\partial z_k}{\partial z_l} \right] = -(t_l - z_l)$$

$$\frac{\partial z_l}{\partial v_{lj}} = \frac{\partial z_l}{\partial \mathrm{net}_l} \cdot \frac{\partial \mathrm{net}_l}{\partial v_{lj}} = f'(\mathrm{net}_l) \cdot y_j$$

则

$$\frac{\partial E}{\partial v_{lj}} = -(t_l - z_l) \cdot f'(\mathrm{net}_l) \cdot y_j$$

设输入节点误差为

$$\delta_l = -(t_l - z_l) \cdot f'(\mathrm{net}_l)$$

则

$$\frac{\partial E}{\partial v_{lj}} = -\delta_l y_j$$

（5）误差函数对隐层节点求导：

$$\frac{\partial E}{\partial w_{ji}} = \sum_l \sum_j \frac{\partial E}{\partial z_l} \frac{\partial z_l}{\partial y_j} \frac{\partial y_j}{\partial w_{ji}}$$

E 是多个 z_l 的函数，针对某一个 w_{ji}，对应一个 y_j，它与所有 z_l 有关。其中：

$$\frac{\partial E}{\partial z_l} = \frac{1}{2} \sum_k \left[-2(t_k - z_k) \cdot \frac{\partial z_k}{\partial z_l} \right] = -(t_l - z_l)$$

$$\frac{\partial z_l}{\partial y_j} = \frac{\partial z_l}{\partial \mathrm{net}_l} \cdot \frac{\partial \mathrm{net}_l}{\partial y_j} = f'(\mathrm{net}_l) \cdot \frac{\partial \mathrm{net}_l}{\partial y_j} = f'(\mathrm{net}_l) \cdot v_{lj}$$

$$\frac{\partial y_j}{\partial w_{ji}} = \frac{\partial y_j}{\partial \mathrm{net}_j} \cdot \frac{\partial \mathrm{net}_j}{\partial w_{ji}} = f'(\mathrm{net}_j) \cdot x_i$$

则

$$\frac{\partial E}{\partial w_{ji}} = -\sum_l (t_l - z_l) \cdot f'(\mathrm{net}_l) \cdot v_{lj} \cdot f'(\mathrm{net}_j) \cdot x_i$$

$$= -\sum_l \delta_l v_{lj} \cdot f'(\mathrm{net}_j) \cdot x_i$$

设隐层节点误差为

$$\delta'_j = f'(\mathrm{net}_j) \cdot \sum \delta_l v_{lj}$$

则

$$\frac{\partial E}{\partial w_{ji}} = -\delta'_j x_i$$

（6）权值的修正：由于权值修正 Δv_{lj}、Δw_{lj} 正比于误差函数沿梯度下降，则有

$$\Delta v_{lj} = -\eta \frac{\partial E}{\partial v_{lj}} = \eta \delta_l y_j$$

$$v_{lj}(k+1) = v_{lj}(k) + \Delta v_{lj} = v_{lj}(k) + \eta \delta_l y_j$$

$$\Delta w_{ji} = -\eta' \frac{\partial E}{\partial w_{ji}} = \eta' \delta_j' x_i$$

$$w_{ji}(k+1) = w_{ji}(k) + \Delta w_{ji} = w_{ji}(k) + \eta' \delta_j' x_i$$

其中隐层节点误差 δ_j' 中的 $\sum \delta_l v_{lj}$ 表示输出节点 z_l 的误差 δ_l 通过权值 v_{lj} 向节点 y_j 反向传播成为隐层节点的误差。

（7）阈值的修正：阈值 θ 也是变化值，在修正权值的同时也需要修正，原理同权值修正一样。

误差函数对输出节点阈值求导：

$$\frac{\partial E}{\partial \theta_l} = \frac{\partial E}{\partial z_l} \cdot \frac{\partial z_l}{\partial \theta_l}$$

式中

$$\frac{\partial E}{\partial z_l} = -(t_l - z_l)$$

$$\frac{\partial z_l}{\partial \theta_l} = \frac{\partial z_l}{\partial \mathrm{net}_l} \cdot \frac{\partial \mathrm{net}_l}{\partial \theta_l} = f'(\mathrm{net}_l) \cdot (-1)$$

则

$$\frac{\partial E}{\partial \theta_l} = (t_l - z_l) \cdot f'(\mathrm{net}_l) = \delta_l$$

输出层节点阈值的修正：

$$\Delta \theta_l = \eta \frac{\partial E}{\partial \theta_l} = \eta \delta_l$$

$$\theta_l(k+1) = \theta_l(k) + \eta \delta_l$$

误差函数对隐层节点阈值求导：

$$\frac{\partial E}{\partial \theta_j} = \sum \frac{\partial E}{\partial z_l} \cdot \frac{\partial z_l}{\partial y_j} \cdot \frac{\partial y_j}{\partial \theta_j}$$

式中

$$\frac{\partial z_l}{\partial y_j} = f'(\mathrm{net}_l) \cdot v_{lj}$$

$$\frac{\partial y_j}{\partial \theta_j} = \frac{\partial y_j}{\partial \mathrm{net}_j} \cdot \frac{\partial \mathrm{net}_j}{\partial \theta_j} = f'(\mathrm{net}_j) \cdot (-1) = -f'(\mathrm{net}_j)$$

则

$$\frac{\partial E}{\partial \theta_j} = \sum_l (t_l - z_l) \cdot f'(\mathrm{net}_l) \cdot v_{lj} \cdot f'(\mathrm{net}_j) = \sum_l \delta_l v_{lj} f'(\mathrm{net}_j) = \delta_j'$$

隐层节点阈值修正：

$$\Delta\theta_j = \eta' \frac{\partial E}{\partial \theta_j} = \eta' \delta_j'$$

$$\theta_j(k+1) = \theta_j(k) + \eta' \delta_j'$$

（8）传递函数 $f(x)$ 的导数：

单极性 S 型函数为

$$f(x) = \frac{1}{1 + e^{-x}}$$

则

$$f'(x) = f(x) \cdot (1 - f(x))$$

$$f'(net_k) = f(net_k) \cdot (1 - f(net_k))$$

对输出节点，有

$$z_l = f(net_k)$$

$$f'(net_k) = z_l \cdot (1 - z_l)$$

对隐节点，有

$$y_j = f(net_j)$$

$$f'(net_j) = y_j \cdot (1 - y_j)$$

求函数梯度有递增和批处理两种方法。递增方法是每增加一个输入样本，重新计算第一次梯度并调整权值；批处理方法是利用所有的输入样本计算梯度，然后调整权值。

2. 网络的改进

传统的 BP 算法网络存在一些严重缺陷，训练网络时常会出现收敛慢、振荡和陷入局部极小点等问题。针对非线性系统的特点，故障征兆获取采用改进型 BP 网络。

在传统 BP 网络中，权值的调节为

$$\Delta w_{ji} = -\eta' \frac{\partial E}{\partial w_{ji}} = \eta' \delta_j' x_i$$

它只考虑按照某时刻的负梯度方向修正权值，并没有考虑到以前积累的经验，从而在学习过程中发生振荡，收敛缓慢。因此在原有的基础上增加了一个附加动量，即

$$\Delta w_{ji}(k+1) = \eta'(\alpha_1 V(k) + \alpha_1 V(k-1))$$

式中：$V(k)$ 为 k 时刻的负梯度；η' 为学习率；α_1、α_2 为动量因子。它不仅考虑了误差在梯度上的作用，而且也考虑在误差曲面上的变化趋势的影响。

3. 函数的网络逼近

不管输入和输出之间的函数映射是什么关系，都可以通过 BP 神经网络来逼近，即在足够的训练和保证精度的条件下，BP 神经网络可以逼近任意函数。通过下面实验可以清楚地看到这一点。

假如某飞行参数与飞行时间是正弦函数关系，下面是一个三层 BP 网络，看它

如何逼近一个正弦函数的飞行参数。在 Matlab 仿真下,采用 tansig 函数和 purelin 函数,BP 网络未训练时(初始化的网络),输出曲线与正弦曲线相差很大,没有逼近功能,如图 4.2 所示。因为 newff 函数建立网络时,权值和阈值都是随机初始化的,网络输出结果很差,达不到逼近目的。

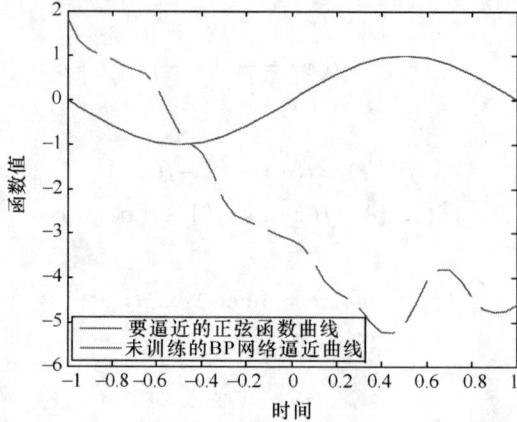

图 4.2　未训练时 BP 网络输出曲线

下面对网络训练。设置训练时间为 50,训练精度为 0.01。其余为默认值。普通训练函数 trainlm 训练得到的误差变化和函数逼近效果如图 4.3 和如图 4.4 所示。

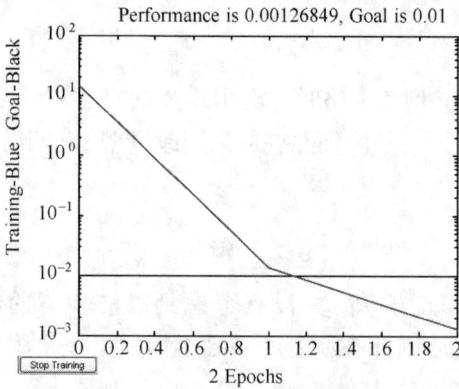

图 4.3　trainlm 训练过程曲线

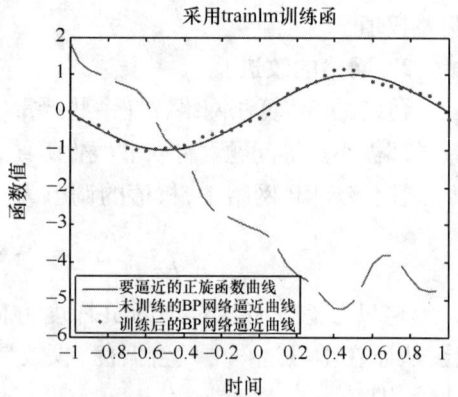

图 4.4　trainlm 训练后的逼近曲线

带动量梯度下降改进型训练函数 traingdm 训练得到的误差变化和函数逼近效果如图 4.5 和图 4.6 所示。

图 4.7 是采用 $p=[-1:0.03:1]$ 的测试输入数据得到的波形。

可以看出,测试数据不同于训练数据时(训练数据 $p=[-1:0.05:1]$),网络也能正确输出正弦函数的值,所以 BP 网络具有很强的函数逼近功能,而且随着训练样本的增加和训练精度的提高,这种逼近功能更加精确。必须保证的一点是,测试数据的值在最大训练样本数据到最小训练样本数据之间,否则偏差很大且无法估测。这就要求获取范围尽量大的历史飞行参数或是在"飞行数据管理系统"仿真飞行参数时,应当考虑并提供极限飞行参数仿真。

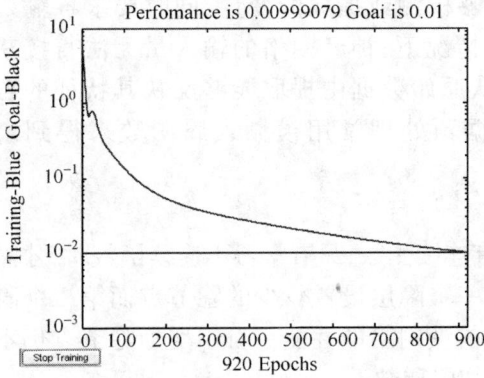

图 4.5　traingdm 训练过程曲线

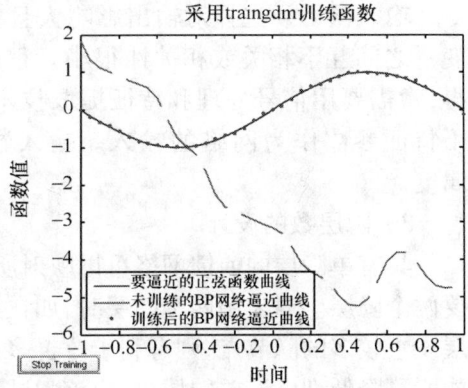

图 4.6　traingdm 训练后的逼近曲线

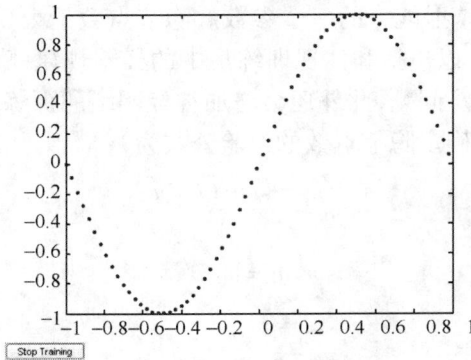

图 4.7　测试数据输出曲线

4. 网络设计步骤

1）网络信息容量与训练样本数

多层前馈网络的分类能力与网络信息容量相关。如用网络的权值和阈值总数 n_w 表征网络信息容量,则训练样本数 P 与给定的训练误差 ε 之间应满足:

$$P \approx \frac{n_w}{\varepsilon}$$

上式说明对确定的样本数。网络参数太少则不能表达样本中包含的全部规律,参数太多则由于样本信息少而得不到充分训练,因此当实际不能提供较多的训练样本时,必需设法减少样本维数来降低 n_w。

2）构造样本集

构造样本集是神经网络设计和训练的基础,故障特征值和故障模式构成神经网络的输入与输出序列实现了样本集的构造。输出量代表故障诊断系统要实现的功能目标,主要是分类问题的类别归属。输出量表示方法比输入量简单得多,通常用 0 和 1 表示某器件的正常和故障状态。

输入量必须选择对输出影响大且能够检测或提取的变量,同时要求各输入变量之间互不相关或相关性很小。很多情况下,神经网络的输入量无法直接获得,常需要用信号处理和特征提取技术从原始数据中提取能够反映其特征的若干特征参数作为网络的输入。输入数据预处理常用模糊隶属函数来得到隶属度。

3) 隐层数的设计

具有单隐层的前馈网络可以映射所有连续函数,只有学习不连续函数时,才需要两个隐层。当采用两个隐层时,如在第一个隐层设置较少的隐节点而第二个隐层设置较多的隐节点,则有利于改善多层前馈网络的性能。对于增加隐节点仍不能明显降低训练误差的情况,应该尝试增加隐层数。

4) 隐节点数的设计

隐节点的作用是从样本中提取并存储其内在规律,每个隐节点有若干权值,每个权值都是增强网络映射能力的一个参数。隐节点数量太少,网络从样本中获取信息的能力就差,不足以概括和体现训练集中的样本规律;隐节点数量过多,可能出现所谓的"过度吻合"问题,此外还会增加神经网络的训练时间。确定最佳隐节点数常用"试凑法"。确定隐节点数的经验公式为

$$m = \sqrt{n+l} + a$$

或

$$m = \log 2^n$$

或

$$m = \sqrt{nl}$$

式中:m 为隐层节点数;n 为输入层节点数;l 为输出层节点数;a 为 $1 \sim 10$ 间的常数。

5) 网络训练与测试

神经网络设计完成后,要应用训练样本集进行网络训练,达到期望的误差目标。网络性能的好坏主要看是否具有很好的泛化能力,而对泛化能力的测试不能用训练集的数据进行,而要用训练样本集以外的测试数据来进行检验。收集到的样本集分为训练样本集和测试样本集两部分。如果网络对训练集样本的误差很小,而对测试集样本的误差很大,说明网络已被训练得过度吻合,因此泛化能力很差。

4.2　故障征兆获取仿真

故障诊断的重点之一是如何有效提取最好的故障特征。例如,对于模拟电路故障诊断,通常从待测电路响应的波形曲线获得原始数据,然后对原始数据进行采

样可将原始数据映射成样本空间的点。这些数据包含模拟电路故障的类型、位置等信息,但从整个样本空间来看这些特征信息分布是变化的,一般不能直接应用于模拟电路的故障模式分类,需要经过合适的变换来提取有效的电路故障特征。故障诊断的过程是把症状空间的向量映射到故障空间。首先对输入数据进行预处理,删除数据中的无用信息得到由样本空间到数据空间的映射;其次数据空间通过特定的变换处理提取数据中的不变特征,形成不变故障模式空间;然后根据诊断的需要和问题的特性,在尽可能保持信息量不丢失的前提下,降维空间内选择有用的特征利于高效实现故障诊断。由获得的降维空间提取原始样本集的特征信息形成特征空间。

本系统开发环境为 VC + +6.0,首先用 C + +语言设计改进型 BP 神经网络,然后用 OrCAD 中的 PSPICE 软件对电路进行仿真,仿真结果作为改进型 BP 神经网络的训练样本和测试样本。

采用一种常用的故障隶属函数:

$$\mu = \begin{cases} 1, & x \leqslant x_0 - t \\ -\alpha(x - x_0 + e)/(t - e), & x_0 - t < x \leqslant x_0 - e \\ 0, & x_0 - e < x \leqslant x_0 + e \\ \alpha(x - x_0 - e)/(t - e), & x_0 + e < x \leqslant x_0 + t \\ 1, & x > x_0 + t \end{cases}$$

进行测试,隶属函数曲线如图 4.8 所示。根据不同的征兆参数,可以选用不同的 x_0、e、t 值,取决于参数的表现形式。如果一个故障由多个征兆参数决定,则可以将参数信息进行融合,再通过神经网络来提取征兆。

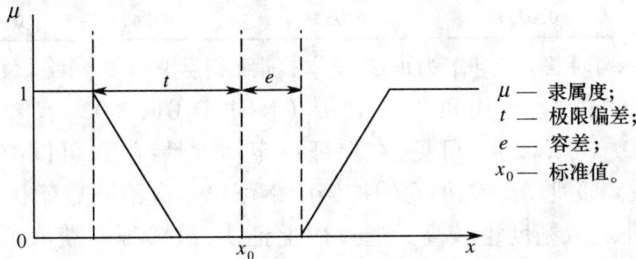

图 4.8　隶属函数

采用上述方法,对如图 4.9 所示的弱信号放大器电路进行了征兆获取的实验,目的是获取 $U_1 \sim U_3$ 的故障征兆。

取 $\alpha = 1$,$e = 0$,$t = x_0$,改变 u_{i1} 和 u_{i2},进行直流扫描分析,测试 U_1、U_2、U_3 分别出现故障时电压 V(三个探针所在处)值,然后将这三个电压值通过隶属函数归一化到区间 $[0,1]$ 中。得到三组神经网络训练数据如表 4.1 所列。

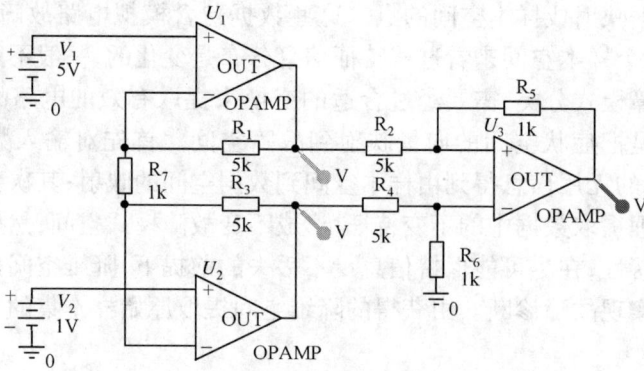

图 4.9　弱信号放大器仿真电路图

表 4.1　BP 网络训练数据

$u_{i1}u_{i2}$ 状态		输入			输出
		$\mu(U_1)$	$\mu(U_2)$	$\mu(U_3)$	(U_1,U_2,U_3)
1	U_1	0.4179	0.0477	0.5344	(1,0,0)
	U_2	0.0181	0.6479	0.3340	(0,1,0)
	U_3	0.0121	0.0349	0.9530	(0,0,1)
2	U_1	0.4780	0.1077	0.4143	(1,0,0)
	U_2	0.0136	0.7425	0.2439	(0,1,0)
	U_3	0.0169	0.0541	0.0290	(0,0,1)
3	U_1	0.3417	0.0597	0.5986	(1.01,0.01,0.02)
	U_2	0.0135	0.3813	0.6052	(0.01,1.03,0.02)
	U_3	0.0237	0.0308	0.9455	(0.01,0.03,1.02)

　　可以采用第一组和第二组作为训练样本,训练得到的 BP 网络权值保存起来。用第三组作为测试样本,输出可以得到 U_1(1.01,0.01,0.02)、U_2(0.01,1.03,0.02)、U_3(0.01,0.03,1.02)。可见,在保证一定精度情况下,可以准确地得到输出,从而判断了故障征兆。训练得到的神经网络可以适应不同故障状态的 U_1、U_2、U_3 电压,并且征兆获取精度也较高。通过以上证明,故障征兆获取可以采用这种"模糊隶属函数 + 神经网络"的方案来实现,只不过不同的故障参数选择不同的隶属函数和神经网络。

第5章 故障树分析技术

故障树分析(Fault Tree Analysis,FTA)是系统故障分析有力工具之一,包括定性分析和定量分析。定性分析的主要目的是寻找导致与系统有关的不希望事件发生的原因和原因的组合,即寻找导致顶事件发生的所有故障模式;定量分析的主要目的是当给定所有底事件发生的概率时,求出顶事件发生的概率及其他定量指标。在系统设计阶段,故障树分析可帮助判明潜在的故障以便改进设计;在系统使用维修阶段,可帮助故障诊断改进使用维修方案。另外,知识获取是构建专家系统的"瓶颈",采用故障树可以方便地组织和获取知识,人类专家可以采取建立故障树的方法对诊断对象进行分析,并且可以方便地将这种对象知识转变成推理知识。

5.1 故障树的发展

故障树分析是一种将系统故障形成的原因由总体至部分按树枝状逐级细化的图形演绎方法,它通过对可能造成系统故障的各种因素(包括硬/软件、环境、人为因素等)进行分析,再对系统中发生的故障事件由总体至部分按树枝状逐级细化分析,判明故障原因,确定故障发生的概率,评价引发故障的各种因素的相关重要度。美国研究 FTA 技术先驱学者之一的 J. B. Fussell 指出:FTA 技术是一种系统可靠性和安全性分析的有效手段,尤其存解决复杂系统的问题上它迅速赢得了声誉。R. S. Ledley 于 1959 年将布尔代数应用于工程中,创立了逻辑诊断法,而故障树理论正是一种以逻辑为基础的。1961 年美国贝尔实验室的 Watson 博士首创了 FTA 技术,并成功地运用于"民兵式"导弹发射控制系统的设计之中,其后波音公司又对其做了改进,使它适用于计算机处理。1965 年,波音公司和华盛顿大学在西雅图波音公司系统安全年会上正式明确提出了 FTA 方法的概念。1974 年,美国的原子能委员会发表了核电站安全评价报告(著名的 WASH – 1400 报告),引起了学术界和工程界的巨大的震动。Vessely 认为,这是 FTA 技术走向成熟的里程碑。随后,有很多的学者和专家开始从事 FTA 技术的研究和发展,除美国外,日本、印度、英国、加拿大和德国涌现了一批的专家和学者,FTA 技术在这些国家都得到了广泛应用。在近 20 年来,故障树分析技术得到了极大发展,J. B. Dugan 教授给出了处理动态故障树的三种模块化方法,以提高动态故障树分析的效率,1996 年,L. L. Pullum 等将几种技术综合成一种对动态静态故障树均可求解的 SHADE 树方法,1999 年,Virginia 大学研制开发出故障树分析工具 Galileo,该软件采用面向对象的程序设计方法,用于求解动态故障树。在后来的发展中,二元决策图(BDD)也开始应用于故障树的分析。目前,FTA 已从宇航、核能进入一般电子、电力、化工、机械、交通乃至土木建筑等领域。

自 20 世纪 80 年代来,国内在智能故障树诊断专家系统方面的研究已蓬勃展开,并取得了一定的研究成果。我国国家军用标准化委员会为了推动和规范 FTA方法在军事装备中的应用,在 1989 年制定发布了 GJB 768.1、GJB 768.2.、GJB 768.3 三个故障树分析方法标准。清华大学于 1983 年开发的多功能故障树分析软件包 MFFTAP 主要处理静态故障树,其核心算法是从美国的 SETS 中移植过来的,局限性较大。90 年代初,国防科技大学系统工程研究所开始从事 FTA 理论方法研究、软件工具的开发和应用研究。以 FFS – 1500 – 2 为研究对象,按照层次分类的方法将系统按结构和功能划分为多个模块,建立各个模块的故障树故障模型。哈尔滨工业大学的 FMS 实时故障诊断专家系统采用了故障树分析法进行故障模型的描述,该模型有利于故障的迅速定位,加快了故障的诊断速度。

随着故障树理论的发展,将故障树分析法与专家系统有机结合,既能发挥专家系统的故障快速诊断有效性,又能利用故障树分析法来降低诊断推理和知识获取的难度,从而进行快速准确的故障诊断。故障树是从计算机和数学的角度对飞机复杂系统进行分析的有效方法,它可以描述各部件的关系及状态。总之,故障树专家系统已经逐渐形成了一个从思想到理论、到技术、到工具、到产品的多层次研究体系。

5.2　故障树的表示

5.2.1　故障树结构函数

故障树的结构函数定义如下:

$$\phi(X_1, X_2, \cdots, X_n) = \begin{cases} 1, & \text{若顶事件发生} \\ 0, & \text{若顶事件不发生} \end{cases}$$

式中:n 为故障树底事件的数目,$X_1 \sim X_n$ 为描述底事件状态的布尔变量,即

$$X_i = \begin{cases} 1, & \text{若第 } i \text{ 个底事件发生} \\ 0, & \text{若第 } i \text{ 个底事不发生} \end{cases}$$

其中:$i = 1, 2, \cdots, n$。

例如,对于图 5.1 所示的故障树,
其结构函数可以表示成

$$\phi(X_1, X_2, \cdots, X_n) = T = X_1 + X_2 + X_3 + X_4 X_5$$

它的取值与 $X_1 \sim X_5$ 有关。

1. 事件及符号

GJB 768.1—1989《建造故障树的基本规则和方法》中对标准故障树的事件分类大致如下：

（1）顶事件：是所分析系统不希望发生的事件，位于故障树的顶端，因此它总是逻辑门的输出而不是逻辑门的输入，在故障树中通常用"矩形"符号表示。

（2）中间事件：除顶事件外的其他结果事件，它是某个逻辑门的输出事件，同时又是另一个逻辑门的输入事件，在故障树中通常也用"矩形"符号表示。

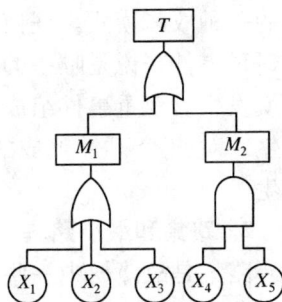

图 5.1　故障树

（3）底事件：位于故障树底部的事件，总是所讨论故障树中某个逻辑门的输入事件，在故障树中不进一步往下发展，在故障树中通常圆形符号表示。

除了上述的几种事件之外，还有房形事件、菱形事件、条件事件等事件，由于这些事件在本项目的故障树中不需要，故在此不详述。

2. 门类型及符号

（1）或门：表示所有输入事件中，至少有一个输入事件发生时，门的输出事件发生。故障树中 n 个事件由或门相连接，则等同于逻辑图中的 n 个单元串联，用符号"⌂"表示。

（2）与门：表示仅当所有输入事件同时发生时，门的输出事件才发生。故障树中 n 个事件由与门连接，则等同于逻辑图中的 n 个单元并联，用符号"⌂"表示。

（3）异或门：表示或门中输入事件是互斥的，即当单个输入事件发生时，其他都不发生，则输出事件才发生，用符号"⊗"表示。

（4）转移符号：三角符号表示转移事件，故障树中同一故障事件常不在同一位置上出现，三角符号加上相应线条可表示从某处转出或转入，说明在图上不宜直接相连重复的相同的树与树之间的连接关系，也可以表示规模较大树的转页，转移符号为"△"。

除了上述的几种符号之外，还有逻辑禁门、功能触发门、优先与门、顺序门、冷储备门、热储备门等用在常用在动态故障树中的符号。本书只采用或门和与门形式的故障树。

5.2.2　基本概念

1. 割集和最小割集

割集是导致故障树顶事件发生的底事件的组合。最小割集是导致故障树顶事件发生的数目不可再少的底事件的组合。最小割集表示的是引起故障树顶事件发生的一种故障模式。任何故障树均由有限数目的最小割集组成,它们对给定的故障树顶事件来说是唯一的。单个事件组成的最小割集,表示该事件一旦发生顶事件就发生。双重事件组成的最小割集,表示这两个事件一起发生才会引起顶事件发生。对 N 个事件组成的最小割集来说,要使顶事件发生必须这 N 个事件同时发生。

2. 路集和最小路集

路集是故障树中一些底事件的集合,当这些底事件不发生时,顶事件必然不发生。若将路集中所含的底事件任意去掉一个就不再成为路集,这样的路集就是最小路集。每个最小路集代表一种正常工作模式,只要有一个最小路集存在,系统就能正常工作。一旦某底事件发生,控制与该底事件无关的最小路集存在,就能保证系统安全,为控制系统故障或为已发生故障系统恢复正常提供依据。

3. 底事件重要度

重要度分析是故障树定量分析中的重要组成部分。重要度是一个部件或者系统的割集发生失效时对顶事件发生的影响程度,它是时间、部件的可靠性参数以及系统结构的函数,是系统中各单元重要程度的一种度量。事件的重要度越大,该事件所处的环节越薄弱,在系统中所处地位也越重要。重要度分为许多种,如概率重要度、结构重要度和临界重要度等。

5.3 故障树分析方法

故障树包含了故障树如何建立和如何对已经建立好的故障树进行分析两个方面。用故障树进行故障分析,关键是实现:故障树的建立;故障树的搜索查询;故障树的优化(故障树比较庞大时);故障树的定性分析;故障树定量分析。故障树示例如图5.2所示。

GJB 768.1—89 对如何建立故障树有严格的定义和步骤。简单来说,故障树的建立有人工建树和计算机辅助建树两类方法,它们的思路相同:首先确定顶事件,建立边界条件,通过逐级分解得到原始故障树;然后将原始故障树进行简化,得到最终的故障树,供后续的分析计算用。建立故障树步骤如下:

(1)确定顶事件。在故障诊断中,顶事件本身就是诊断对象的系统级(总体的)故障事件。在熟悉资料和系统的基础上,做到既不遗漏又分清主次地将全部重大故障事件——列

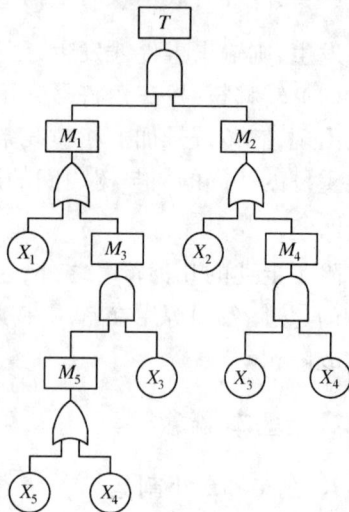

图 5.2 故障树示例

举,然后根据分析目的和故障判据确定出本次分析的顶事件。对于复杂的系统,顶事件不是唯一的,必要时还可以把大型复杂的系统分解为若干相关的子系统,以典型中间事件当作故障树的顶事件进行建树分析,最后加以综合,这样可使任务简化并可同时组织多人分工合作参与建树工作。

（2）建立边界条件,确定简化系统图。建立故障树前应根据分析目的,明确定义所分析的系统和其他系统（包括人和环境）的接口,同时给定一些必要的合理假设（如不考虑一些设备或接线故障,对一些设备故障做出偏安全的保守假设、暂不考虑人为故障等）,从而由真实系统图得到一个主要逻辑关系等效的简化系统图。

（3）分解上一级的故障。根据上一级的故障找出直接原因,逐级循环向下演绎,直到找出各个底事件为止,由于底事件是故障分布已知的随机故障事件单元,不需要再进一步查找其发生原因的事件,这样就可以得到一棵故障树。

5.3.1 故障树定性分析

1. 求割集与最小割集

定性分析主要是飞机专家或维修人员对整个故障树的结构、各级事件的了解,和人工初步判定导致故障的一些故障原因,涉及的主要内介包括求最小割集和路集与对大型故障树分模块。

求解割集有很多方法,如下行法,即 Fussell – Vesely 算法,该算法的具体思想是:从顶事件开始由顶向下进行,与门仅增加割集的容量,或门则增加割集的数量,每一步按上述原理由上而下排列,直到全部的逻辑门都置换为底事件为止,得到的全部事件积的逻辑和即为布尔割集表达式。

经过吸收运算便得到全部最小割集。在程序中,可结合素数法来将割集转化为最小割集,采用素数产生函数,给每个叶子节点赋予一个素数,将每一个割集中的叶子节点素数相乘,然后依次将得到的割集乘法结果按大小次序排列,如果小的乘法结果能整除大的乘法结果,则具有大的乘法结果的割集不是最小割集,此时保留乘积小的割集,最后得到的割集系列即是最小割集,再利用这些最小割集进行下一步的故障分析。例如,采用 Fussell – Vesely 求解过程见表5.1 所列。

表 5.1 最小割集求解过程

1	2	3	4	5	6	7	8
T	M_1M_2	X_1M_2	X_1X_2	X_1X_2	X_1X_2	X_1X_2	X_1X_2
		M_3M_2	X_1M_4	$X_1X_3X_4$	$X_1X_3X_4$	$X_4X_5X_3$	
			M_3X_2	$M5X_3X_2$	$X_5X_3X_2$	$X_5X_3X_2$	$X_2X_3X_5$
			M_3M_4	$M_5X_3M_4$	$X_4X_3X_2$	$X_4X_3X_2$	
					$X_5X_3M_4$	$X_5X_3X_4$	
					$X_4X_3M_4$	X_4X_3	X_3X_4

在第 7 步时,已经得到割集,然后可以用素数产生函数,产生 5 个素数,并分别赋予 $X_1 \sim X_5$。计算割集素数积,再采用素数相除的方法,如果能整除,丢弃大的被除数割集,最后得到第 8 步所示的三个最小割集。

因此,如果省略中间事件,则故障树可以简化为只有底事件和顶事件的形式,如图 5.3 所示,其中 $C_1 \sim C_3$ 分别代表三个割集,不是原故障树中的中间事件。

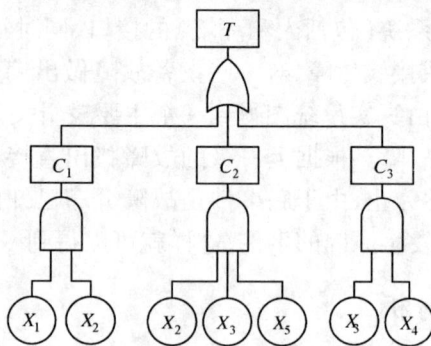

图 5.3　经过割集简化后的故障树

2. 求路集与最小路集

故障树与其对偶故障树之间的相互对偶,由对偶系统性质:

(1) 故障树的路集是对偶树的割集,反之亦然。

(2) 故障树的割集是对偶树的路集,反之亦然。

求最小路集是利用它与最小割集的对偶性:首先做出与故障树对偶的"成功树",即把原来事故树的"与门"换成"或门"、"或门"换成"与门",各类故障事件换成"成功"事件;然后,利用上节所述方法,求出"成功树"的最小割集,再经对偶变换后就是故障树的最小路集。图 5.4 示出了两种常用的转换方法。

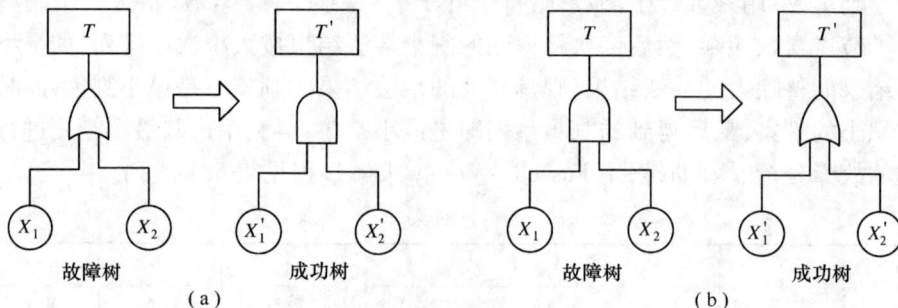

图 5.4　故障树与成功树之间的对偶关系

在故障树中,对于"与门"连接输入事件和输出事件的情况,只要有一个事件不发生,输出事件就可以不发生,所以,在对应的"成功树"中用"或门"连接输入事件和输出事件;在故障树中,对于"或门"连接的输入事件和输出事件的情况,则必须所有输入事件均不发生,输出事件才不发生,所以,在"成功树"中换用"与门"连接输入事件和输出事件。例如,图 5.4 中:T、X_1、X_2 表示故障事件;T'、X_1'、X_2'表示"成功事件"。

例如,对于图 5.2 所示的故障树,对应的对偶故障树如图 5.5 所示。

此对偶树的最小割集为

$$T = X_1'X_4'X_5' + X_1'X_3' + X_2'X_3' + X_2'X_4'$$

所以可以得到图 5.2 所示的最小路集为

$$T = \{X_1' + X_4' + X_5'\}\{X_1' + X_3'\}\{X_2' + X_3'\}\{X_2' + X_4'\}$$

3. 模块的划分

分模块简化法可作为故障树优化一种手段,这种方法对于大型故障树会有很大的作用。例如,将图 5.6(a)的故障树转换为图 5.6(b)所示的故障树之后,故障树在存储、分析和搜索上就变得容易的多,而功能完全没变。

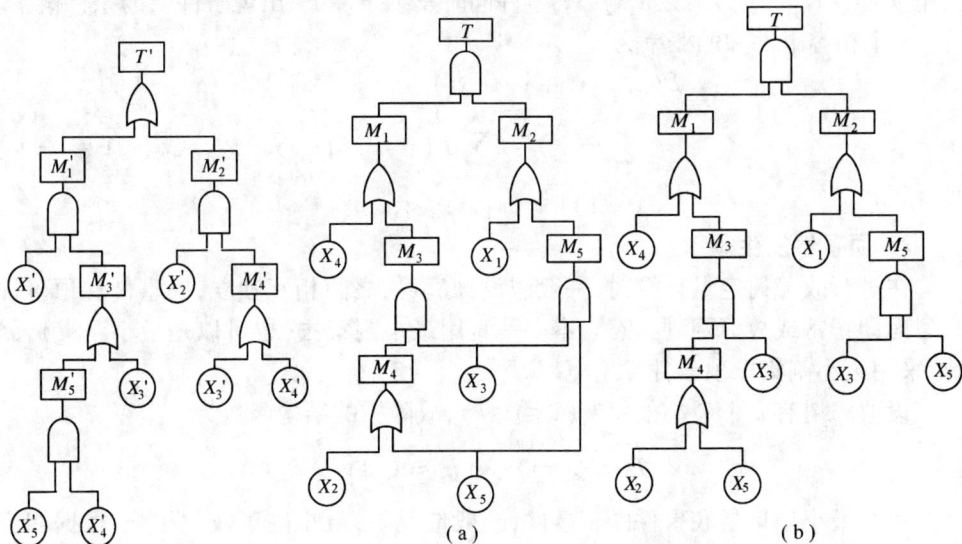

图 5.5　示例故障树的
　　　对偶故障树

图 5.6　模块划分前后
（a）划分前；（b）划分后。

5.3.2　故障树定量分析

1. 概率论基础

已知结构函数和底事件概率条件下计算顶事件发生概率,涉及事件和与事件积的概率计算问题。设底事件 $x_i(1 \leq i \leq n)$ 发生概率为 $P(x_i)(1 \leq i \leq n)$,则事件积与事件和的概率计算方法如下:

（1）n 个事件相互独立。n 个相互独立事件积的概率为

$$P(x_1, x_2, \cdots, x_n) = P(x_1)P(x_2)\cdots P(x_n) = \prod_{i=1}^{n} P(x_i) \quad (1 \leq i \leq n)$$

n 个相互独立事件和的概率为

$$P(x_1 + x_2 + \cdots + x_n) = 1 - [1 - P(x_1)][1 - P(x_2)] \cdots [1 - P(x_n)]$$

$$= 1 - \prod_{i=1}^{n}[1 - P(x_i)] \quad (1 \leqslant i \leqslant n)$$

（2）n 个事件互拆。n 个互拆事件积的概率为

$$P(x_1, x_2, \cdots, x_n) = 0$$

n 个互拆事件和的概率为

$$P(x_1 + x_2 + \cdots + x_n) = P(x_1) + P(x_2) + \cdots + P(x_n)$$

$$= \sum_{i=1}^{n} P(x_i) \quad (1 \leqslant i \leqslant n)$$

（3）n 个事件相容。n 个相容事件积的概率为

$$P(x_1, x_2, \cdots, x_n) = P(x_1)P(x_2/x_1)P(x_3/x_1, x_2) \cdots P(x_n/x_1, x_2, \cdots, x_n)$$

式中：$P(x_n/x_1 x_2 \cdots x_n)$ 为在 $x_1 x_2 \cdots x_n$ 事件同时发生条件下，出现事件 x_n 的条件概率。

n 个相容事件和的概率为

$$P(x_1 + x_2 + \cdots + x_n)$$

$$= \sum_{i=1}^{n} P(x_i) - \sum_{i<j=2}^{n} P(x_i, x_j) + \sum_{i<j<k=3}^{n} P(x_i, x_j, x_k) + \cdots + (-1)^{n-1} P(x_1, x_2, \cdots, x_n)$$

2. 顶事件发生概率

在进行故障树定量计算时，一般假设：底事件之间相互独立；底事件和顶事件只考虑即正常或故障两种状态。本书一直用最小割集法（也可以是最小路集），因此，采用最小割集求顶事件发生概率。

设故障树有 k 个最小割集 $k_i (1 \leqslant i \leqslant k)$，故障树的结构函数为

$$T = \phi(x) = \bigcup_{j=1}^{k} k_j = \bigcup_{j=1}^{k} \bigcap_{i \in D_i} x_i$$

每个最小割集是底事件的积事件，一般情况下，最小割集彼此相交，根据相容事件的概率计算公式，顶事件发生概率为

$$P(T) = P(K_1 + K_2 \cdots + K_k)$$

$$= \sum_{i=1}^{k} P(K_i) - \sum_{i<j=2}^{k} P(K_i, K_j) + \sum_{i<j<l=3}^{k} P(K_i, K_j, K_l) + \cdots + (-1)^{k-1} P(K_1, K_2, \cdots, K_k)$$

上式具有 $(2^k - 1)$ 个加项，当最小割集数目 k 达到一定数量时，产生组合爆炸问题，即 NP 难题。假如 $k = 40$，则上式有 $(2^{40} - 1)$ 个加项。每个加项又是多个乘积项。计算量变得非常大，大型计算机也难以胜任。解决此问题有两种方法：一是进一步对故障树进行优化，如分模块、前期不交化等；二是在实际工程应用中，当底事件概率很小的时（实际情况经常如此），采用顶事件发生概率近似计算。通常采用第二种方法。

用 F_s 表示顶事件发生概率，n 表示底事件的个数，m 表示 MCS 个数，F_i 表示

MCS 概率积,即 MCS 中底事件发生概率的乘积。工程上,顶事件发生概率近似为

$$F_\text{S}(x_1, x_2, \cdots, x_n) \approx \sum_{i=1}^m F_i - \sum_{1 \leqslant i < j \leqslant m}^m F_i F_j$$

3. 底事件重要度

底事件重要度在改善系统的设计、确定系统需要监控的关键部位、确定系统故障诊断方法方面都有重要作用。部件可以有多种失效模式,在故障树中,每一种失效模式对应一个底事件。

为简单起见,假设部件只含一种失效模式。首先介绍两个经常用到的概念:系统的临界状态和关键部件。在 n 个部件两态系统中,系统可能状态数为 $2n$,这 $2n$ 个状态分属于系统正常和系统故障两种状态,在这 $2n$ 个状态中只有某些特殊状态的改变才能直接引起系统状态的改变,即当且仅当某一元部件状态改变即导致系统状态改变时,就称系统处于一种临界状态。而那些当且仅当该元部件状态发生变化即导致系统状态变化的元部件,就称为该临界状态下的关键元部件。

事件重要度分为概率重要度、结构重要度、临界重要度。

1)概率重要度

若系统由 n 个元部件组成,已知元部件 i 的故障概率为 $F_i(t)$,系统各单元间的结构关系可用可靠性模型 $F_\text{s}(t) = F_\text{S}\{F_i(t), i = 1, 2, \cdots, n\}$ 表示,则第 i 个底事件的概率重要度定义为

$$I_{p(i)} = \frac{\partial F_\text{S}(t)}{\partial F_i(t)} = F_\text{S}\{1, F(t)\} - F_\text{S}\{0, F(t)\}$$

式中:$F(t)$ 为除 i 元部件以外各部件的故障概率。

概率重要度的数学含义是:由于第 i 个元部件的变化使系统顶事件概率发生的变化率,即第 i 个元部件状态取值为 i 时,顶事件概率值和第 i 个元部件状态取 0 值时顶事件概率的差。联系到临界状态的定义,又可以说,其物理意义是系统处于元部件为 i 的临界状态的概率。以图 5.2 所示故障树为例。其故障树最小割集为 $\{x_1, x_2\}$、$\{x_3, x_4\}$、$\{x_2, x_3, x_5\}$,已知底事件发生概率为 $q_1 = 0.01$,$q_2 = 0.01$,$q_3 = 0.05$,$q_4 = 0.05$,$q_5 = 0.1$,则其结构函数为

$$F_\text{S} = \phi(x) \approx K_1 + K_2 + K_3 = x_1 x_2 + x_3 x_4 + x_2 x_3 x_5 = q_1 q_2 + q_3 q_4 + q_2 q_3 q_5$$

可求得底事件的重要度分别为

$$I_{p(1)} = \frac{\partial F_\text{S}(t)}{\partial F_1(t)} = q_2 = 0.01$$

$$I_{p(2)} = \frac{\partial F_\text{S}(t)}{\partial F_2(t)} = q_1 + q_3 q_5 = 0.01 + 0.05 \times 0.1 = 0.015$$

$$I_{p(3)} = \frac{\partial F_\text{S}(t)}{\partial F_3(t)} = q_4 + q_2 q_5 = 0.05 + 0.01 \times 0.1 = 0.051$$

$$I_{p(4)} = \frac{\partial F_S(t)}{\partial F_4(t)} = q_3 = 0.05$$

$$I_{p(5)} = \frac{\partial F_S(t)}{\partial F_5(t)} = q_2 q_3 = 0.01 \times 0.05 = 0.0005$$

重要度越大,越容易导致事件发生。假如顶层事件不希望发生,则最好控制 x_3 事件的发生。

2）结构重要度

结构重要度分析是从事故树结构上入手分析各底事件的重要程度。分析结构重要度,排出各种底事件的结构重要度顺序,可以从结构上了解各底事件对顶事件的发生影响程度如何,以便按重要度顺序安排防护措施,加强控制;也可以依此顺序编写安全检查表。

结构重要度的重要性质:当假定所有底事件发生概率均为 1/2 时,结构重要度系数等于概率重要度系数,即利用这一性质可以用定量化的手段准确求出结构重要度系数。

3）临界重要度

一般情况,减少概率大的底事件的概率要比减少概率小的底事件容易,而概率重要度系数并未反映这一事实,因此,它不是从本质上反映各底事件在事故树中的重要程度。而临界重要度系数 C_i 则是从敏感度和概率双重角度衡量各底事件的重要度标准,其定义式为

$$C_i = \frac{\partial \ln Q}{\partial \ln q_i}$$

它与概率重要度系数的关系为

$$C_i = \frac{q_i}{Q} I_{p(i)}$$

三种重要度系数中,结构重要度系数从事故树结构上反映底事件的重要程度;概率重要度系数反映底事件概率的增减对顶事件发生概率影响的敏感度;临界重要度系数从敏感度和自身发生概率大小双重角度反映底事件的重要程度。其中,结构重要度系数反映了某一底事件在事故树结构中所占的地位,而临界重要度系数从结构及概率上反映了改善某一底事件的难易程度。概率重要度系数则起着一种过度作用,是计算两种重要度系数的基础。一般可以按这三种重要度系数安排采取措施的先后顺序,也可按三种重要度顺序分别编制相应的安全检查表,以保证既有重点又能全面检查的目的。

5.3.3 故障树转换为规则

故障树中的各节点事件及其之间的关系与产生式规则之间有明显的对应关系。规则推理中匹配过程往往不是一步到位,而是经过一步步推理得到结果,其中

间结果又往往成为其他规则的前提条件,这像一个链式反应,一步步地推到出最终的诊断结果,规则中的 If 条件部分和 Then 结论部分分别对应故障树中各层节点事件。

下面的重点在于如何用故障树去构建这种链式的规则。在充分研究故障树和规则的组织形式前提下,提出了故障树转化为产生式规则的三条准则:

准则 1:故障树中子节点事件以"与"关系导致父节点事件的发生,则只对应一条规则,规则 if 前提是子节点事件的"and"组合,规则的 then 结论部分是父节点事件。"and"规则转化如图 5.7 所示。

准则 2:故障树中子节点事件以"或"关系导致父节点事件的发生,则有几个孩子就对应几条规则,规则 if 前提只有一个节点事件,为其中的一个子节点事件,转化后的所有规则的 then 结论部分都是父节点事件。"or"规则转化如图 5.8 所示。

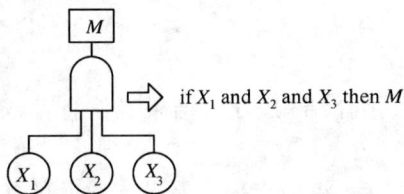

图 5.7　"and"规则转化

$$if\ X_1\ and\ X_2\ and\ X_3\ then\ M$$

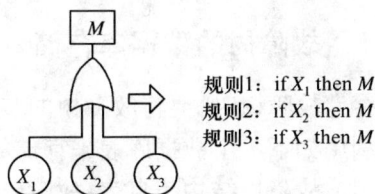

图 5.8　"or"规则转化

规则1: if X_1 then M
规则2: if X_2 then M
规则3: if X_3 then M

准则 3:如果以最小割集来转化为规则,则每个最小割集对应一条规则,割集内各节点事件以"and"组成规则 if 的前提,规则的 then 结论部分为故障树父节点事件。"MCS"规则转化如图 5.9 所示。

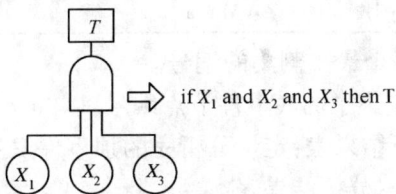

$$if\ X_1\ and\ X_2\ and\ X_3\ then\ T$$

图 5.9　"MCS"规则转化

按照以上三个转换准则,在程序中很容易由故障树产生推理规则。这种转化是建立在故障树对系统或者部件的故障分析的基础之上,一旦故障树建立好之后,利用这种程序算法就很容易得到规则,实现规则的自动获取功能。

5.4　故障树分析的仿真

现行的故障树分析程序有 PREP、ELRAFT、MOCUS、SETS、FTAP 等。其中:PREP 程序是最早的故障树分析程序,发表于 1970 年,用 FORTRAN 语言编写,主要的缺点是对大型故障树高阶分析需要太长的计算时间,且不能保证找到所有的最小割集;ELRAFT 程序是一套利用自然数的唯一因子分解来寻找故障树的最小割集,即给每个底事件赋予一个独特的素数,自下而上地用与输入时间相对应的素数的乘积来表示相继高阶门的割集的方法来处理树的问题,ELRAFT 程序集的缺点是素因数的乘积能够很快地超过及其所能表示的数字范围,它只能寻找至多 6 个底事件以及其他规定的中间事件的最小割集;MOCUS 程序采用从顶事件开始逐步向下将底事件代入门方程的方法,即 Fussel – Vessley 方法,得到最小割集;SETS 程序集方程转换系统由圣地亚实验室研制的,是处理布尔方程的通用程序,通过布尔方程来求解故障树的最小割集和路集;FTAP 程序是加利福利亚大学伯克利运筹中心研制的一个寻找故障树割集的程序,它提供三种用户处理方式,即自上而下、自下而上和"Nelson"方法,采用模数分解和双重算法来求解最小割集,是一套比较完整的故障树分析程序集。

5.4.1 故障树的数据库存储

存储故障树时,要将故障树的节点信息、拓扑结构、分析结果等信息存入数据库。利用如下三个数据库表来存储故障树信息:

(1)故障树结构信息表:故障树建立完毕后,将节点信息及节点之间的父子关系存储在如表 3.11 所示的故障树结构信息表中。

(2)最小割集表:故障树定性分析得到的最小割集存储在如下最小割集表中:

字段	数据类型	说明
CutsetIN	int	割集序号
Cutsetlist	VARchar	割集节点链表

CutsetID:唯一标识每个最小割集的编号。

Cutsetlist:每个最小割集中的底事件节点编号,以"and"连接。

(3)故障树定量分析结果表:定量分析完的顶事件发生概率、概率重要度等结果,可以存储在如下故障树分析结果表:

字段	数据类型	说明
NodePosID	Char	节点位置编写
Pro	double	发生概率
Proimportanle	double	概率重要度系数

NodeposID:与表 3.11 中的故障树结构信息表中的节点编号一致。

Pro:如果是底事件,则建立故障树时给定此值;如果是顶事件,则为定量计算后的顶事件发生概率。

Proimportanle:只有底事件有此属性,其他节点填入默认值 0,反映底事件发生概率的微小变化对导致顶事件发生概率变化贡献。

（4）规则的存储：

故障树转化得到的规则可以存储在如表 3.12 所示的规则表中。

同时表明了距顶事件还有几步推理。

5.4.2　最小割集的求解

对于图 5.2 的示例故障树，底事件 $X_1 \sim X_5$ 别代表故障 1～故障 5。定性分析重点是求出故障树的 MCS，得到导致顶层故障发生的各种故障模式。求 MCS 方法通常有下行法、上行法和 BDD 法等。

下面采用 MFC 中的 CList 链表，结合环形数组来实现下行法。CList 是 MFC中一个链表类，链表节点可以存储各种数据结构，且具有丰富的链表操作函数，诸如本算法用到的 GetAt（ ）、RemoveAt（ ）、InsertBefore（ ）、FindIndex（ ）、GetCount（ ）和 IsEmpty（ ）等，使用非常方便，省去了自己定义链表以及链表操作函数的复杂过程。

首先定义一个故障树节点结构体 FtNode，包含故障树节点的各种信息，该结构体代表各节点信息，并存储在 CList 链表中。

```
typedef struct FtNode
        {
            int GateType;                    //门类型
            int ChildrenNum;                 //子节点数
            double cf;                       //底事件发生概率
            CString NodeDescription;         //故障事实描述,如"X₁ 故障"
            ……                             //包含其他的信息
        }
```

定义一个存放按层次遍历得到的故障树各节点的 CList 链表：

CList < FtNode，FtNode& > FtList

存储形式如图 5.10 所示。

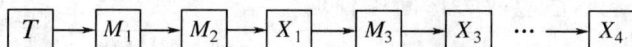

图 5.10　故障树节点存储形式

接着以数组形式定义 200 个 CList 链表（可按实际故障树大小来调整改大小）：

CList < FtNode，FtNode& > CutSet[200]

求解过程的基本思路是：首先 FtList 中的 T 节点添加到 CutSet[0]，用 counter计数当前已经使用过的数组数量，用 i、j、l 控制三层 for 循环，外层循环 i 遍历整个数组，中层循环 j 遍历 i 为某个特定 k 值时的 CutSetList[k] 链表中各个节点，内层 l循环扫描 FtList 链表以查找子节点。从 T 开始扫描分析，如遇到与门，则删除该节点,用 CopyList 函数复制已删除该节点的 CutSet[k]到 CutSetList[counter + 1],同时添加该节点的所有子节点(在 FtList 链表中扫描出子节点)到链表 CutSetList[counter + 1]中;如果遇到或门,且子节点数为 ChildrenNum 时,则在 CutSetList[k]中删除该节点,并复制 ChildrenNum 个已删除该节点的 CutSetList[k],分别放在 CutSetList[counter + 1],CutSetList[counter + 2],…,CutSetList[counter + ChildrenNum]中,在 i 递增到这些 counter + 1,counter + 2,…,counter + ChildrenNum 的位置时,再对新的链表分析。前 5 次循环过程 CutSetList[i] 分布情况如图 5.11 所示,白色节点表示分析完毕,或已经是底层底事件(不需要继续分析底事件),浅色表示正在分析的节点,深色表示未分析的节点。

整个故障树分析完成后,将得到类似 CutSetList[4]所示的每个节点都由底事件组成的链表,这种链表存放的即为一个割集,分析完毕的链表如 CutSetList[0]~CutSet List[3]得到释放。如果到 CutSet List[200]已经无链表可用,但还未得到所有割集时,可使外层循环 i = i - 200 来构造一个数组环来循环利用前面释放的链表。这样 200 个链表经实际运行估计,可以得到割集数大于 100 个,基本适应故障诊断中任何大型故障树。

5.4.3 仿真结果分析

图 5.12 是在 VC + +6.0 集成开发环境下采用上述基于 CList 链表的算法编写一个带界面的故障树分析程序,对图 5.2 所示的故障树运行结果如下:

图 5.12 中:表 1 显示了此故障树的三个割集(C0010001~C0010003 为最小割集在系统内部的编号);表 2 是定量分析结

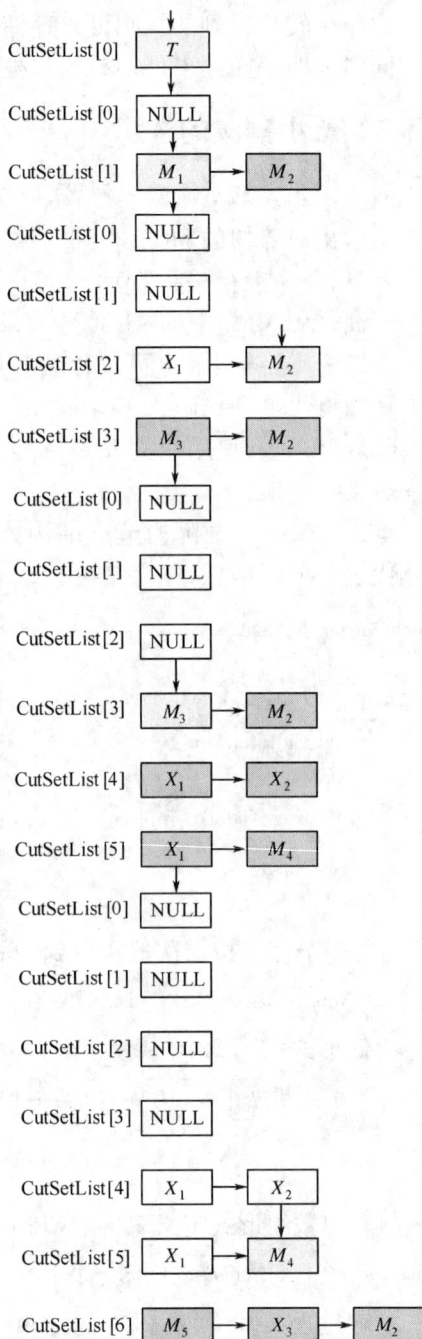

图 5.11 前 5 次的割集求解过程

果,该定量分析是在假定 $X_1 \sim X_5$ 底事件的发生概率分别为 0.1、0.15、0.2、0.25、0.3 的基础上得到的各种重要度分析结果。

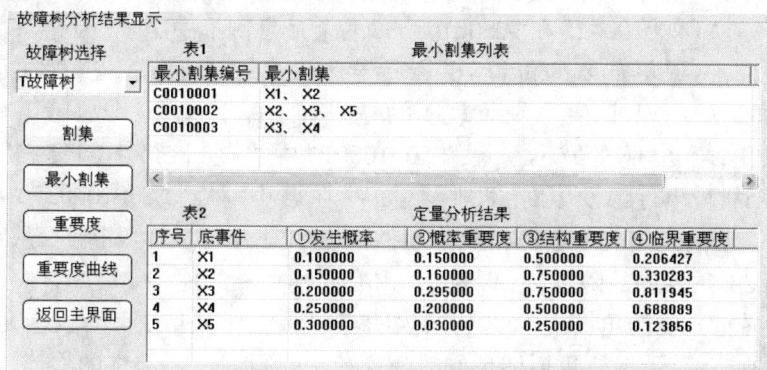

故障树分析结果显示

故障树选择
T故障树

| 割集 |
| 最小割集 |
| 重要度 |
| 重要度曲线 |
| 返回主界面 |

表1　　　　　　　最小割集列表

最小割集编号	最小割集
C0010001	X1、X2
C0010002	X2、X3、X5
C0010003	X3、X4

表2　　　　　　　定量分析结果

序号	底事件	①发生概率	②概率重要度	③结构重要度	④临界重要度
1	X1	0.100000	0.150000	0.500000	0.206427
2	X2	0.150000	0.160000	0.750000	0.330283
3	X3	0.200000	0.295000	0.750000	0.811945
4	X4	0.250000	0.200000	0.500000	0.688089
5	X5	0.300000	0.030000	0.250000	0.123856

图 5.12　仿真结果界面显示

顶事件发生概率为 0.072665,发生故障的可能性很小。重要度曲线趋势可以如图 5.13 所示。

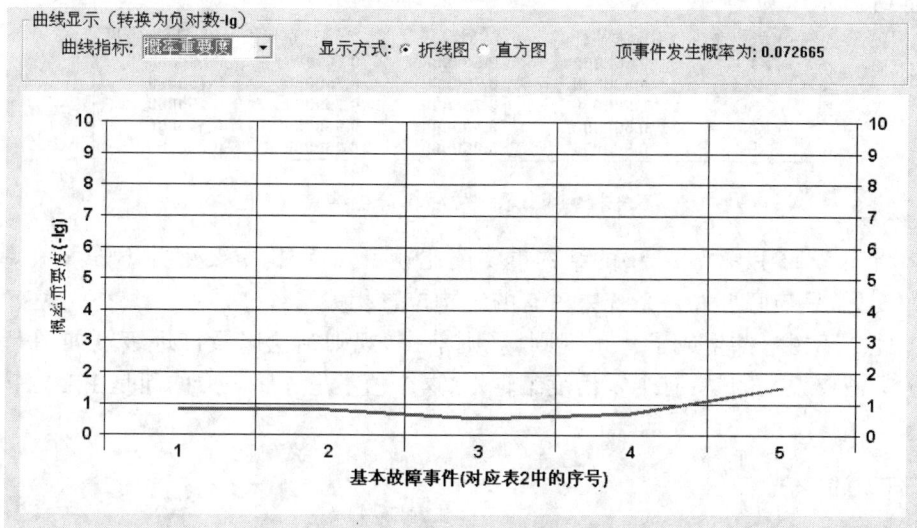

曲线显示（转换为负对数-lg）

曲线指标：概率重要度　　　显示方式：⊙ 折线图 ○ 直方图　　　顶事件发生概率为：0.072665

图 5.13　定量指标的曲线显示

各种指标排序如下。

(1) 发生概率:$X_1 < X_2 < X_3 < X_4 < X_5$。

(2) 概率重要度:$X_5 < X_1 < X_2 < X_4 < X_3$。

(3) 结构重要度:$X_4 < X_1 = X_4 < X_2 = X_3$。

(4) 临界重要度:$X_5 < X_1 < X_2 < X_4 < X_3$。

从概率重要度系数可以看出:一个底事件的概率重要度如何,并不取决于它本身的概率值大小,而取决于它所在 MCS 中其他底事件的概率积的大小及在各个

MCS 中重复出现的次数。

从结构重要度系数来分析，X_2 在"CS0010001"和"CS0010002"两个最小割集中出现，X_3 在"CS0010002"和"CS0010003"两个最小割集中出现，因此，X_2 和 X_3 从结构上来说，占据更重要的位置，更容易导致 T 事件发生。X_5 出现在最小割集"CS0010002"中出现，该最小割集表明的是当 X_2、X_3 和 X_5 三个故障事件都发生时，T 才发生；X_1 出现在最小割集"CS0010001"中出现，该最小割集表明的是当 X_1、X_2 两个故障事件都发生时，T 才发生；X_4 在最小割集"CS0010003"中出现，该最小割集表明的是当 X_3、X_4 两个故障事件都发生时，T 才发生。因此，从结构上来看，X_5 是最不重要的故障事件，X_1 和 X_4 占有同样重要的地位。

从临界重要度的角度看，X_3 最大，表明它的变化对顶事件 T 的敏感度最大。

综上所述，对于本故障树体现的故障系统，应该加强 X_3 部件的检修，减少系统发生故障的可能性；或者当系统故障发生时，首先检查 X_3 部件，以快速定位故障。

将 $X_1 \sim X_5$ 底事件的发生概率均设置为 0.5 时，分析得到的各种重要度如图 5.14 所示。由图可以看出，三种重要度在此时是相等的（可从它们的定义及特性中得到解释）。

序号	底事件	①发生概率	②概率重要度	③结构重要度	④临界重要度
1	X1	0.500000	0.500000	0.500000	0.500000
2	X2	0.500000	0.750000	0.750000	0.750000
3	X3	0.500000	0.750000	0.750000	0.750000
4	X4	0.500000	0.500000	0.500000	0.500000
5	X5	0.500000	0.250000	0.250000	0.250000

图 5.14　示例故障树分析结果

将图 5.12 和图 5.14 中的结构重要度比较可知：结构重要度并不随着概率变化而变化，只与底事件在系统中占有的结构位置相关。

此故障树一共生成了 9 条规则，规则前提、规则结论以及推理级别如图 5.15 所示。需要说明的是：有个置信度编辑框，这个值不是程序生成的而是由专家按照经验给出。

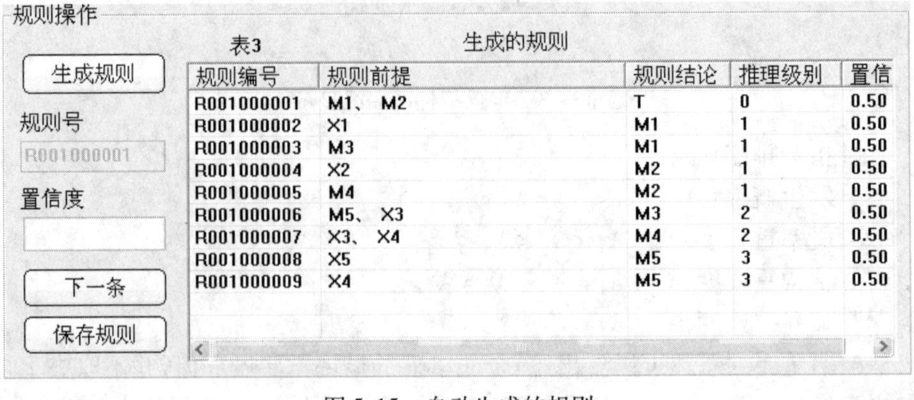

规则操作

	生成规则

表3　　　　生成的规则

规则编号	规则前提	规则结论	推理级别	置信
R001000001	M1、M2	T	0	0.50
R001000002	X1	M1	1	0.50
R001000003	M3	M1	1	0.50
R001000004	X2	M2	1	0.50
R001000005	M4	M2	1	0.50
R001000006	M5、X3	M3	2	0.50
R001000007	X3、X4	M4	2	0.50
R001000008	X5	M5	3	0.50
R001000009	X4	M5	3	0.50

生成规则

规则号
R001000001

置信度

下一条

保存规则

图 5.15　自动生成的规则

第6章　推理机技术

通过故障树分析技术,可以得到故障树分解而来的规则和规则推理的故障树网络结构,利用这些可以方便地进行推理机的设计工作。推理机同时还要使用故障征兆获取得到的基本故障征兆作为推理起点,进而完成迭代推理。本章介绍专家系统中确定性推理机和不确定性推理机的构建方法,并提出了一种解决规则匹配冲突的策略。

6.1　故障树与推理机的联系

故障树其实就是规则推理过程的一个推理网络,如果采取底层数据驱动的正向推理模式,则需要知道发生了哪些底事件,以及会导致上层的哪个节点事件发生。按照这样一个推理途径和故障树网络,系统可以一直搜索满足条件的节点,最终得到故障节点和判断顶节点是否出现故障。在6.3节介绍的推理机仿真中会清楚地看到,故障树与规则推理的关系。

推理机制是故障诊断系统的重要组成部分。一个专家系统的性能首先依赖于知识库的完整性,其次与推理机制的灵活性相关。也就是说,一个拥有大量知识的系统仍不能解决专业领域的问题,还必须具有应用知识的能力,即推理能力。

传统的专家系统往往只能采用单一的问题求解策略,很容易使系统在推理过程中出现"匹配冲突""组合爆炸"和"无穷递归"等问题,从而导致推理速度变慢,系统性能低。从以上角度出发,采用基于故障树生成的规则来构建一个优化的推理机,从而相对解决这些问题。

6.2　推理机的构造

规则推理机通常也称产生式推理机,它既可正向推理也可反向推理。采用何种推理方式取决于推理的目标和搜索空间的特点:如果目标是从一组给定事实出发,找到所有能推断出来的结论,则采用正向推理;如果目标是证实或否定某一特定结论,则采用反向推理。

正向推理是以已知事实作为出发点的一种推理,又称数据驱动推理、前向链推理、模式制导推理及前件推理等。这种推理模式符合以飞行参数数据驱动的推理要求,因此考虑采用正向推理模式。正向推理的基本思想是:从用户提供的初始已知事实出发,在知识库(Knowledge DataBase,KB)中找出当前可适用的知识,构成可适用知识集(Knowledge Set,KS),然后按某种冲突消解策略从 KS 中选出一条知识进行推理,并将推出的新事实加入到数据库中作为下一步推理的已知事实,在此之后再在知识库中选取可适用知识进行推理,如此重复进行这一过程,直到求得了所要求的解或知识库中再无可适用的知识为止。正向推理过程如图 6.1 所示,可用如下算法描述:

(1)将用户提供的初始已知事实送入数 DB。

(2)检查 DB 中是否已经包含了问题的求解,若有,则求解结束,并成功退出;否则,执行下一步。

(3)根据 DB 中的已知事实,扫描 KB,检查 KB 中是否有可适用(即可与 DB 中已知事实匹配)的知识,若有,则转(4);否则转(6)。

(4)把 KB 中所有的适用知识都选出来,构成可适用的 KS。

(5)若 KS 不空,则按某种冲突消解策略从中选出一条知识进行推理,并将推出的新事实加入 DB 中,然后转(2);若 KS 空,则转(6)。

(6)询问用户是否可进一步补充新的事实,若可补充,则将补充的新事实加入 DB 中,然后转(3);否则表示求不出解,失败退出。

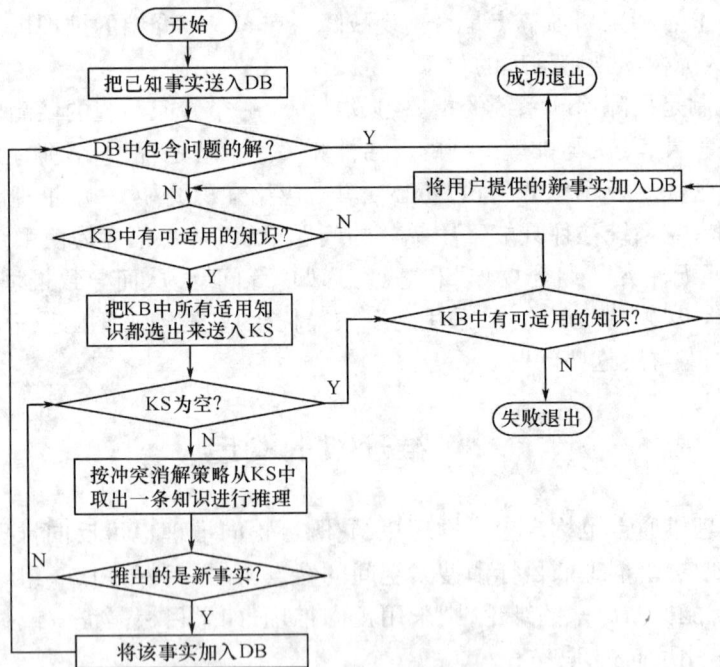

图 6.1　正向推理过程

从表面上看,正向推理并不复杂,但在具体实现时还需要做许多工作,例如,在以上推理过程中要从知识库中可选出可适用的知识,这就要用知识库中的知识与数据库中的已知事实进行匹配,为此就需要确定匹配方法。另外,匹配通常难以做到完全一致,因此还需要解决怎样才算是匹配成功的问题。其次,为了进行匹配,就要查找知识,这就牵涉到按什么路线进行查找的问题,即按什么策略搜索知识库。再如,如果适用的知识只有一条,这比较简单,系统立即可用它进行推理,并将推出的新事实送入数据库中。但如果当前适用的知识有多条,应该先激活哪一条规则是推理中的一个重要问题,称为冲突消解策略。总之,为了实现正向推理,有许多具体问题需要解决。

冲突消解的任务是解决冲突。对正向推理来说,它将决定选择哪一组已知事实来激活哪一条规则,使它用于当前的推理,产生其后件指出的结论或执行相应的操作。目前已有多种消解冲突的策略,其基本思想是对知识进行排序。常用的有以下几种:

(1)按针对性排序。选用针对性较强的产生式规则。因为它要求的条件较多,其结论一般更接近于目标,一旦得到满足,可缩短推理过程。

(2)按已知事实的新鲜性排序。在产生式系统的推理过程中,每应用一条产生式规则就会得到一个或多个结论或执行多个操作,数据库中就会增加新的事实。把数据库中后生成的事实称为新鲜的事实。若一条规则被应用后生成了多条结论,则:既可以认为这些结论有相同的新鲜性,也可以认为排在前面(或后面)的结论有较大的新鲜性,这根据情况决定。

(3)匹配度排序。匹配度又称为相似度,它在不确定的推理中使用,指的是对匹配度进行排序。

(4)领域问题的特点排序。某些领域问题,事先可知道它的某些特点,此时可根据这些特点把知识排成固定的顺序。

(5)按条件个数排序。如果有多条产生式规则生成的结论相同,则要求条件少的产生式规则被优先应用,因为要求条件少的规则匹配时花费的时间较少。

在具体应用时,可对上述策略进行组合,目的是尽量减少冲突,使推理有较快的速度和较高的效率。

6.2.1 确定性推理

规则(通常为产生式规则)是推理机的核心,是推理赖以运行的知识和信息基础。推理机运行的效率和准确性依赖于规则的构成形式与精化形式。因此,规则的表示法对于构建推理机软件系统来说同样是很重要的。

规则表示法又称产生式表示法,是当前专家系统中最常见的知识表示方法之一,它将人类专家的知识表示成:如果<条件>,则<结论>的形式。其一般形式如下:

If <条件 1> And <条件 2> And…Then <结论 1> And <结论 2>…

通常情况下,若结论有多个,则可以分开表示。采取只有一个结论的表达形式,有利于在知识库中的存放和程序的实现。如果再把条件和结论用符号表示,则上述规则数学表示如下:

$$\text{If } E_1 \text{ And } E_2 \text{ And} \cdots \text{And } E_n \text{ Then } H$$

这种规则又称"条件 - 结论"对,或"情况 - 动作"对的规则。人们解决实际问题的经验和方法有相当大的一部分可以用这种方式来表示,这样构成的知识库具有知识表示简单、推论速度快的优点,当然,推论速度也会随着推理规则的变多而变慢。

确定性推理需要完全匹配前提才能激发规则,本身就是一个严谨的过程,类似于数学证明题中的证明过程,每推导一步,必须要有前提可使用,如果遇到前提不可用,或者前提证明不够,推理将无法继续进行。例如,对于含有以下规则的知识库:

$$r_1 : \text{If } E_1 \text{ Then } H$$

$$r_2 : \text{If } E_2 \text{ Then } H$$

$$r_3 : \text{If } E_3 \text{ Then } H$$

$$r_4 : \text{If } E_4 \text{ And } E_9 \text{ Then } E_1$$

$$r_5 : E_5 \text{ Or } E_6 \text{ Then } E_9$$

$$r_6 : \text{If } E_7 \text{ And } E_8 \text{ Then } E_3$$

假如推理机启动时,具有最开始的故障征兆信息 E_4 和 E_9 可用,显然,推理机会激活规则 r_4,同时把规则 r_4 的结论 E_1 作为下一步推理的可用前提,继而激活规则 r_1,得到最终推理结论 H,推理机结束工作。在整个推理过程中,这种确定性推理机不进行推理结果可信程度的计算,即不包含人类对某种事情持有将信将疑的思维。

若推理机启动时,只具有最开始的故障征兆信息 E_4 可用,除了规则 r_4 之外,没有包含前提为 E_4 的规则,而对于 r_4,必须具备前提 E_4 和 E_9 才可以被激活,所以无规则可用,推理机不进行推理。

6.2.2　不确定性推理

现实世界中的事物以及事物之间的关系是极其复杂的,由于客观上存在的随机性、模糊性以及某些事物或现象暴露的不充分性,导致人们对它们的认识往往是不精确的、不完全的,具有一定程度的不确定性,形成了不确定性的知识及不确定性的证据。大量未解决的重要问题往往需要运用专家的经验,而经验性知识一般都带有某种程度的不确定性。

不确定性推理中,知识和证据都具有某种程度的不确定性,这就为推理机的设计与实现增加了复杂性和难度。它除必须解决推理方向、推理方法、控制策略等基本问题外,一般还需要解决不确定性的表示与量度、不确定性匹配、不确定性的传递算法以及不确定性的合成等重要问题。

规则中前提条件可以是单一前提,也可以是"And"或"Or"的多前提组合证据。在不确定性推理中,由于结论是由前提证据的不确定性进行某种运算得到的,因此需要有合适的算法计算组合证据的不确定性。目前,关于组合证据不确定性的计算已经提出了多种方法,如最大最小法、Hamacher 方法、概率方法、有界方法、Einstein 方法等。不确定性传递包含以下两方面内容:

(1) 在每一步推理中,如何把证据及知识的不确定性传递给结论。

(2) 在多步推理中,如何把初始征兆证据的不确定性传递给最终结论。

推理中有时还会发生用不同征兆知识推理得到了最终相同的结论,但不确定性推理过程不同,此时需要用合适的算法对它们进行合成。

在不确定性推理算法中要考虑的基本问题很多,但不是每个实际推理机都需要包含所有基本问题,例如,在著名的专家系统 MYCIN 中就没有明确提出不确定性匹配算法。由于在飞行参数中难以获得飞机的故障事件概率,因此可以采用可信度表示知识及证据的不确定性。下面介绍具体实施的这种推理算法。

1.　知识不确定性的表示

可信度推理(Certainty Factor,C－F)模型。C－F 模型是基于可信度表示的不确定性推理的基本方法。在 C－F 模型中的产生式规则表示一般形式如下:

$$\text{IF } E_1 \text{ CF}(E_1) \text{ And } E_2 \text{ CF}(E_2) \text{ And}\cdots\text{And } E_n \text{ CF}(E_n) \text{ Then } H \text{ CF}(H)$$

$$\text{IF } E_1 \text{ CF}(E_1) \text{ Or } E_2 \text{ CF}(E_2) \text{ Or}\cdots\text{Or } E_n \text{ CF}(E_n) \text{ Then } H \text{ CF}(H)$$

(1) $E_1, E_2, \cdots, E_n$ 是规则的前提条件,它们可以是"And"的组合,也可以是"or"的组合,也可以是两者共同的组合,还可以只包含一个前提条件。通常以 E 代表它们的组合,即

$$E \text{ CF}(E) = E_1\text{CF}(E_1) \text{ And } E_2 \text{ CF}(E_2) \text{ And}\cdots\text{And } E_n\text{CF}(E_n)$$

或

$$E \text{ CF}(E) = E_1\text{CF}(E_1) \text{ Or } E_2 \text{ CF}(E_2) \text{ Or}\cdots\text{Or } E_n \text{ CF}(E_n)$$

(2) "H"是规则的结论,它可以是一个单一的结论,也可以是多个结论。由于是从故障树生成规则,按照第 3 章所介绍的规则自动生成算法,结论采取单一形式。

(3) $\text{CF}(E_1), \text{CF}(E_2), \cdots, \text{CF}(E_n)$ 是前提条件的可信度,$\text{CF}(H)$ 是该条规则的可信度,称为可信度因子或规则强度。$\text{CF}(H)$ 可以在 $[-1,1$ 上$]$取值,也可以设计为在$[0,1]$上取值,设计为$[0,1]$上取值。

例如,在规则 $r_1 : E_5(0.6) \text{ Or } E_6(0.7) \text{ Then } E_9(0.8)$ 中,0.6 表示事件 E_5 的置信度,0.7 表示 E_6 的置信度,0.8 表示整个规则的可信度。

2. 不确定性的传递与合成

1）不确定性传递

组合前提的故障征兆可以按照"and"或"or"分别通过求极大或极小值得到,即

$$CF(E_{And}) = \min\{CF(E_1), CF(E_2), \cdots CF(E_n)\}$$

$$CF(E_{Or}) = \max\{CF(E_1), CF(E_2), \cdots CF(E_n)\}$$

结论 H 的可信度 $CF(H)$ 可以由下式计算得到:

$$CF(H) = CF(H,E) \times CF(E)$$

式中的既可以为相乘运算,也可以为"取极小"或其他运算,根据实际情况而定。

2）不确定性合成

设多条规则有相同的结论,即

$$If\ E_1\ CF(E_1)\ Then\ CF(H,E_1)$$

$$If\ E_2\ CF(E_2)\ Then\ CF(H,E_2)$$

$$\cdots\cdots$$

$$If\ E_n\ CF(E_n)\ Then\ CF(H,E_n)$$

首先,求出每个 $CF(E_i) = CF(H,E_i) \times CF(E_i)$;然后按实际需要选用下述方法中的一种求出结论 H 的综合可信度 $CF(H)$。

（1）选用 $CF_i(H)$ 中的极大值作为 $CF(H)$,即

$$CF(H) = \max\{CF_1(H), CF_2(H), \cdots, CF_n(H)\}$$

（2） $$CF(H) = \frac{1}{\sum_{i=1}^{n} CF(H,E_i)} \sum^{n} CF(H,E_i) \times CF(E_i)$$

（3）有限和法 $$CF(H) = \min\left\{\sum_{i=1}^{n} CF_i(H), 1\right\}$$

（4） $CF(H) = CF_1(H) + CF_2(H) - CF_1(H) \times CF_2(H)$

3）不确定性推理举例

设有下面几条不确定性规则:

r_1: If E_1 Then $H(0.8)$

r_2: If $E_2(0.8)$ Then $H(0.6)$

r_3: If E_3 Then $H(0.5)$

r_4: If $E_4(0.5)$ And E_9 Then $E_1(0.7)$

r_5: $E_5(0.6)$ Or $E_6(0.7)$ Then $E_9(0.8)$

r_6: If $E_7(0.6)$ And $E_8(0.9)$ Then $E_3(0.9)$

这几条规则是由如下的故障树分解而来,即规则对应的推理网络如图 6.2 所示。图中 E_2、E_4、E_5、E_6、E_7、E_8 为故障树的底事件,且都带有置信度 CF。

下面演绎如何进行不确定性推理,在已知推理网络中先进行不确定性传递。

由 r_5 得

$$CF(E_9) = 0.8 \times \max\{CF(E_5), CF(E_6)\}$$
$$= 0.8 \times 0.7 = 0.56$$

由 r_6 得

$$CF(E_3) = 0.8 \times \min\{CF(E_7), CF(E_8)\}$$
$$= 0.9 \times 0.6 = 0.54$$

图 6.2　故障树推理网络

由 r_4 得

$$CF(E_1) = 0.7 \times \min\{CF(E_4), CF(E_9)\} = 0.7 \times 0.5 = 0.35$$

由 r_3 得

$$CF_3(H) = 0.5 \times CF(E_3) = 0.3 \times 0.54 = 0.162$$

由 r_2 得

$$CF_2(H) = 0.6 \times CF(E_2) = 0.6 \times 0.8 = 0.48$$

由 r_1 得

$$CF_1(H) = 0.8 \times CF(E_1) = 0.8 \times 0.35 = 0.28$$

下面对不确定性进行合成(采用 $CF(H) = CF_1(H) + CF_2(H) - CF_1(H) \times CF_2(H)$):

$$CF_{1,2}(H) = CF_1(H) + CF_2(H) - CF_1(H) \times CF_2(H)$$
$$= 0.28 + 0.48 - 0.28 \times 0.48 = 0.626$$

$$CF_{1,2,3}(H) = CF_{1,2}(H) + CF_3(H) - CF_{1,2}(H) \times CF_3(H)$$
$$= 0.626 + 0.162 - 0.626 \times 0.162 = 0.686$$

即求得了最终的综合可信度为

$$CF(H) = CF_{1,2,3}(H) = 0.683$$

完成一次不确定性推理算法。

6.2.3　规则的冲突消解策略

由故障树生成的规则特性是:前提可能是一个(或门),也可能是多个(与门),结论只有一个。规则推理的特点是:一条规则的结论可以作为另外一条规则的前提,并且一次推理匹配可能匹配到多条规则。对于规则的取舍,需要采取一种合适的策略,即优先考虑匹配度(定义为故障征兆数和规则前提包含的征兆数之比),

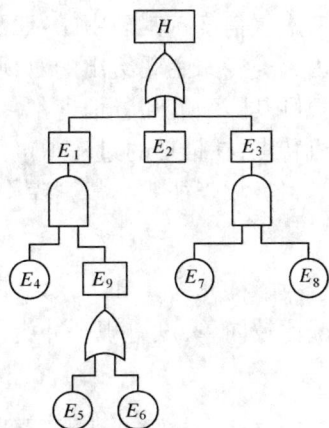

再考虑置信度。其理由是:匹配度是一种推理过程中产生的客观指标,而置信度则是由人类专家主观给出的对规则的相信程度,这种程度可能误差比较大,当匹配到的规则其匹配度和置信度都一致时,推理机可以采取随机抽取推理路径。根据推理机特点,在推理的过程中可能出现如下两种情况:

(1) 故障征兆与规则库中某条规则的前提完全吻合。例如,规则库中有规则:

$$\text{If } A \text{ And } B \text{ Then } C(\text{CF} = 0.9)$$

故障征兆为 A 和 B,那么可以完全匹配到这条规则,C 也就发生了。这种推理情况比较简单,没有规则冲突。程序自动激活规则:

$$\text{If } A \text{ And } B \text{ Then } C(\text{CF} = 0.9)$$

(2) 一个故障征兆匹配到几条规则。如果规则库中包含以下几条规则:

$$\text{If } A \text{ And } B \text{ Then } C(\text{CF} = 0.8)$$

$$\text{If } A \text{ And } D \text{ Then } E(\text{CF} = 0.75)$$

$$\text{If } A \text{ And } F \text{ And } G \text{ Then } H(\text{CF} = 0.9)$$

故障征兆为 A,推理机初始匹配到这三条规则。具体应该激活哪条规则呢?

推理机此时进入冲突消解程序,该程序先比较两条规则的匹配度,由于前两条规则的匹配度为 1/2,最后一条规则为 1/3。虽然最后一条规则的置信度最高为 0.9,但采取这种优先考虑匹配度,再考虑置信度的策略,初次冲突消解的结果是去掉最后一条规则,剩下前两条匹配度一样规则,需要继续转入置信度判断来消解规则冲突,最后激活的规则:

$$\text{If } A \text{ And } B \text{ Then } C(\text{CF} = 0.8)$$

6.3 推理机仿真

本节针对上面介绍的两种推理策略,采用 C 语言模拟两种推理机的运行过程,为后续整个系统的开发打好基础。

6.3.1 确定性推理机程序仿真

推理机推理的过程实质是按照故障树推理网络,从原始故障征兆开始去不断地匹配目标,直到找到最终目标,而且应当实现智能推理(即由程序去判断进行),尽量减少人工的参与。推理机部分做过大量的仿真程序。采用 C + +语言(使用 STL 标准库),仿真设计如下:

将规则存在"rule. txt"文件中(相当于一个 KB),故障征兆存放在"feature. txt"中(相当于一个 DB),仿真程序先读取规则,对于本例,读取 11 条有用的规则如图 6.3 所示(大写字母 A ~ P 表示故障事件)。

```
Reading rules from rule.txt...
RULE1: if A and B then G
RULE2: if F then M
RULE3: if G then M
RULE4: if H then N
RULE5: if I then N
RULE6: if J then N
RULE7: if C and D and E then K
RULE8: if K and L then O
RULE9: if M then P
RULE10: if N then P
RULE11: if O then P
Rules have been read!

Reading fault features from feature.txt...
A,B
Fault features have been read!

Reasoning(rule matching) now, please wait ...
```

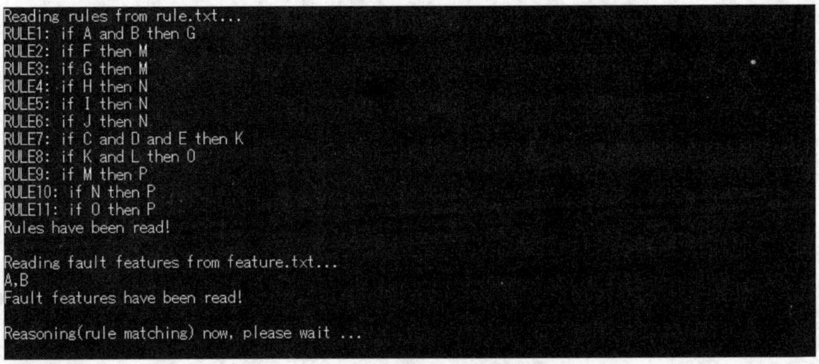

图 6.3　知识库的读取

这些规则对应的故障树推理网络如图 6.4 所示。

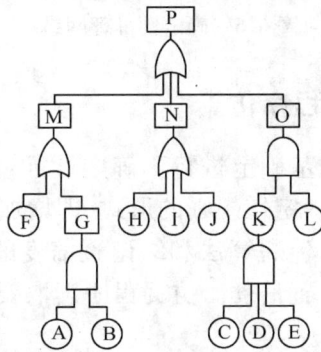

图 6.4　构成的故障树推理网络

仿真推理机推理过程与结果显示如图 6.5 所示。

```
Reasoning(rule matching) now, please wait ...

Rule matched before opitimizing:
The fault feature: A
        RULE1: The rule's prefeature is A   this rule's conclusion is G
        RULE3: The rule's prefeature is G   this rule's conclusion is M
        RULE9: The rule's prefeature is M   this rule's conclusion is P
The fault feature: B
        RULE1: The rule's prefeature is B   this rule's conclusion is G
        RULE3: The rule's prefeature is G   this rule's conclusion is M
        RULE9: The rule's prefeature is M   this rule's conclusion is P

Rule matched after optimizing:
Reason time: 1
        RULE1: A and B  ==> G
Reason time: 2
        RULE3: G  ==> M
Reason time: 3
        RULE9: M  ==> P
Reasoning Over!
```

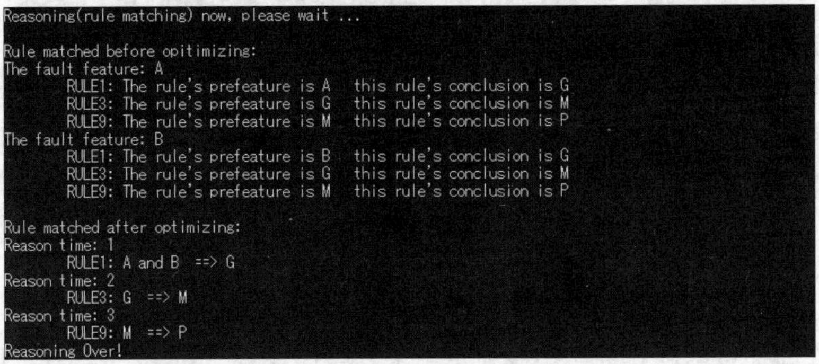

图 6.5　仿真推理机推理过程与结果显示

因为存在两个故障征兆 A 和 B，推理机将它们分开进行推理，先用 A 来匹配规则，然后再用 B 来匹配规则，这样得到推理未优化前的过程如图 6.5 上部分所示，然后必须进一步对推理过程和结果进行优化（规则冲突消解），优化得到的最终推理过程和结果如图 6.5 下半部分所示，经过三步推理到达最终结论。

这样，经过程序仿真的推理机实际推理流程如图 6.5 所示的故障树推理网络中的箭头流向。

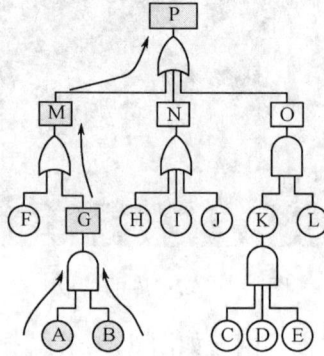

图 6.6　确定性推理网络

6.3.2　不确定性推理机程序仿真

在确定性推理机仿真的基础上进行不确定性推理模拟，主要是修改仿真程序，将确定性规则表示成不确定性规则的形式，即增加规则的可信度和故障征兆的可信度。按照不确定型的传递算法和结论置信度的合成算法，可以从原始的故障征兆推算出规则结论的置信度。仿真程序读取要使用的规则形式如图 6.7 所示。

```
Reading rules from rule.txt...
RULE1: if A and B then G  (CF=0.85)
RULE2: if F then M  (CF=0.75)
RULE3: if G then M  (CF=0.80)
RULE4: if H then N  (CF=0.90)
RULE5: if I then N  (CF=0.64)
RULE6: if J then N  (CF=0.78)
RULE7: if C and D and E then K  (CF=0.75)
RULE8: if K and L then O  (CF=0.82)
RULE9: if M then P  (CF=0.78)
RULE10: if N then P  (CF=0.62)
RULE11: if O then P  (CF=0.88)
Rules have been read!

Reading fault features from feature.txt...
A (CF=0.95),B (CF=0.81)
Fault features have been read!

Reasoning(rule matching) now, please wait ...
```

图 6.7　非确定性知识库的读取

其中，前提可信度在规则中没显示出来，读取故障征兆时才将其置信度读取出了，仿真程序继续运行，推理机开始进行匹配、可信度传递和合成运算，最后想确定性推理机一样，进行过程优化，得到的最终推理过程和结果如图 6.8 所示。

推理过程可用如图 6.9 的故障树网络表示，故障树上的数字表示推理中，可信度值的传递。

图 6.8　非确定性推理过程与结果显示

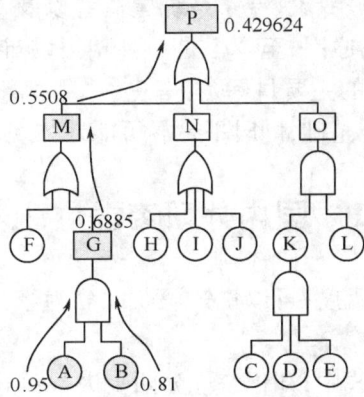

图 6.9　非确定性推理网络

第7章 知识获取技术

E. A. Feigenbaum 教授说:"专家系统的威力来自于其所具有的知识",一个成功的专家系统必须具有一个丰富的知识库和一套完备的知识推理与管理机制。因此,要建立一套实用的专家系统,必须先解决知识表达方法、推理机和知识获取三个关键问题。

知识获取是一个与领域专家、专家系统建造者以及专家系统自身都密切相关的复杂问题,由于各方面的原因,至今仍是一件相当困难的工作,被公认为专家系统建造中的"瓶颈"。本章的主要目标是:搭建一个故障诊断专家系统的知识获取平台,为知识库的建立奠定基础,同时平台尽可能地体现通用性。

7.1 国内外研究发展现状

按知识获取的自动化程度,可以将知识获取分为半自动知识获取和自动知识获取两种方式。

在半自动知识获取方式中,知识获取分两步进行:知识工程师首先从相应知识源获取知识,然后通过知识编辑软件将知识输入到知识库中,如图 7.1 所示。早期的专家系统都是运用这种半自动知识获取方式建造的,如斯坦福大学研制的 DEN-DRAL、MYCIN 等。

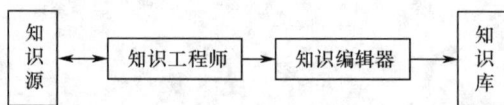

图 7.1 半自动知识获取工作流程图

自动知识获取是一种理想的知识获取方式,指系统自身具有获取知识的能力,不仅可以直接从知识源"学习"相关的基础知识,而且还能从系统自身的运行实践中总结、归纳出新知识,不断完善自身知识库,如图 7.2 所示。尽管目前尚不能实现知识的完全自动获取,但长期以来,知识获取研究工作集中于提高知识获取过程的自动化程度,减轻知识工程师的负担,已经取得了长足进展。

在知识获取研究的早期,研究者们在半自动知识获取的基础上增加自动化的功能,如拥有自学习能力的知识编辑软件(Whe. elrM. W. 和 ShcneiderM. 的知识自动获取工具 AUTOKNAQ)。之后,知识获取的方法大多是基于机器学习、模式识别

74

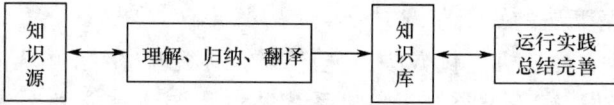

图 7.2　自动知识获取工作流程图

以及统计分析等。如我国台湾吴荣根教授的基于模型的数字电路设计系统,El-liott. wJr. 和 ShcneM. 的故障分离专家系统等。中国科学院合肥智能机械研究所也开发了能通过归纳学习自动构建知识库的农业病虫害专家系统。随着 20 世纪末 KDD 技术的兴起,这些技术也被应用于专家系统的知识自动获取,从而使得知识获取的过程更加智能化。如 F. Mtihcell 等人的燃气涡轮机故障检测 TIGON 系统和 T. Taknao 等人的可自动生成操作序列的范例学习工具。

目前,在专家系统中应用比较广泛的知识获取方法主要有以下几种:

1. 基于人工神经网络的知识获取

基于人工神经网络的机器学习方法是模拟人脑神经系统的学习功能。由于它具备大规模并行分布处理能力、非线性处理能力、高度的鲁棒性和学习联想能力,可以完成学习、记忆、识别和推理等功能,因而可以将神经网络运用于知识获取,实现知识的动态获取和自动更新。神经网络通过对大量的实例样本进行反复的学习,由内部自适应过程不断修改各个神经元之间互相连接的权值。神经网络的互连结构及各连接权值是网络经过学习所获取的全部知识。神经网络的学习过程是通过一定的规则,根据神经元的状态、当时的连接权值及有无监督信息来对连接权值重新调整。学习过程可分为有导师学习和无导师学习两种类型。有导师学习是指待诊断的模式类别属性已知,对于每次模式样本的输入,网络输出端都有一个对应的指导信号与其属性相匹配。无导师学习是指待诊断的模式类别属性未知,网络结构和连接权值根据某种聚类法则,自动对周围环境的模式样本进行学习与调整,直至网络的结构和连接权值能合理地反映训练样本的统计分布。

基于神经网络的机器学习是一种归纳式的学习方式,神经网络的知识表示不同于传统规则知识的显式表示,它的知识可以看成是知识的一种隐式表示,把某一个问题领域的若干知识彼此相互关联地表示在一个神经网络中。

文献[30]以小麦病害为例,研究了 BP 神经网络的规则抽取,提出一种基于结构分析的 BP 神经网络规则抽取方法。采用带惩罚项的交错熵误差函数作为误差函数,通过对训练好的神经网络进行剪枝、权重分析并设定阈值,从 BP 神经网络中抽取产生式规则。文献利用粗糙集理论将从神经网络中获取的规则进一步精化,提取精简规则。文献[31]将神经网络应用到产品配置数据的规则获取当中。文献[32]将神经网络和遗传算法结合到一起用于模糊控制。

基于神经网络的机器学习方法进行知识获取主要面临的问题是确定网络的结构、降低网络学习的复杂性和提高网络的泛化能力。

2. 基于免疫算法的知识获取

免疫算法是一种随机优化方法,它模仿了人体免疫系统,并从体细胞理论和网络理论中得到启发,实现了类似于免疫系统的自我调节功能和生成不同抗体的功能。研究起源于20世纪90年代初期,作为一种新的信息处理方法,对于研究新一代计算智能及应用都是十分有意义的。目前,大多数诊断系统是通过对领域专家的诊断经验采用规则形式加以描述,将待诊断对象的征兆与潜在故障联系起来,模拟领域专家的故障诊断行为,实现对特定故障的诊断工作。描述故障征兆与故障之间因果关系的领域专家诊断经验,可以表示为 If – Then 的规则形式。基于信息熵的免疫算法用于诊断知识获取,是将每个可能诊断规则看作抗体群中的一个抗体,采用合适的编码方式,利用信息熵作为反映单个抗体(规则)与单个诊断经验事例相似度的指标(相似度指标采用信息熵比其他方法(如海明距离)更为有效地表达所包含的信息),通过免疫算子对抗体群进行操作,经过不断迭代,逐步朝更优解方向进化,最终得到满足要求的抗体(最优诊断知识)。

文献[33]借鉴免疫理论的相关概念设计了新的知识获取模型,利用免疫算法按照预定的优化目标函数生成最优的诊断知识。

然而由于免疫算法是模拟生物规律的算法,它试图寻求最优解,因此算法的运行时间较长、效率不高,并且对于大量的连续属性的模糊信息系统在使用过程中效果不会很好。

3. 基于遗传算法的知识获取

遗传算法作为模拟生物界的自然选择与生物遗传机制的一种搜索算法,从开始就与机器学习有着密切的关系。而遗传算法的全局最优解搜索能力以及其本质并行性等特点,在数据量庞大、实时性要求高的故障诊断应用中,基于遗传算法的知识在线获取就体现出它的很大优势。将其用于求解知识获取模型时,首先随机产生一系列规则作为进化的初始群体,由目标函数评价各规则的适合度,在按"优胜劣汰"的选择原则选种后进行繁殖、交叉和变异等操作,这样经过若干代的演化后,规则群体中的最优规则性能不断得到提高,直至最后达到全局最优。由于遗传算法在空间的点群上而不是在一个单点上进行寻优,因此提高了搜索速度。但在求解过程中必须选取适当的交叉概率和变异概率,否则交叉概率过高会造成算法不稳定,过低会引起未成熟收敛;而一定的变异概率可以防止搜索过程被限制在解空间的某个放射子空间上,但过高会使算法退化成随机搜索。

文献[34]利用粗糙集导出规则,用遗传算法对这些规则进行学习,并以卫星电源分系统故障模拟实验台产生的数据进行了验证。

4. 基于粗糙集的知识获取

粗糙集理论作为一种新的分析和处理不精确、不一致、不完整信息和知识的数学工具,为智能信息处理提供了有效的处理技术。它能从大量的数据中推导出具有指导意义的诊断规则,分析发现有用的规律信息,即将知识从一种原来的表达形式(原始数据表达形式)转化为一种新的目标表达形式(人类或计算机便于处理的形式)。基于粗糙集理论的机器学习解决了:如何对复杂系统的不完整数据进行分析、推理、发现数据间的关系;如何提取有用的特征、简化信息处理;如何确定不精确、不完备知识的表达;如何自动地从大量的信息数据中获取潜在的依赖模型等问题。粗糙集理论的主要思想是:在保持分类能力不变的前提下,通过知识约简导出分类规则,这样也克服了传统的知识获取过程中人为因素的影响。粗糙集理论有以下一些特点:

(1)不需要先验知识。常用来处理不确定性信息的方法如模糊理论和概率统计,它们都需要一些数据的附加信息或先验知识,如模糊隶属函数和概率分布等,但这些信息有时并不容易得到。粗糙集理论的分析方法仅需要利用数据本身提供的信息即可,不再需要任何其他的先验知识。

(2)粗糙集是一个强大的数据分析工具。它能表达和处理不完备信息;具有在保留关键信息的前提下对数据进行化简并求得知识的最小表达的能力;能识别并评估数据之间的依赖关系,揭示出简单的概念模式;能从数据中获取易于证实的规则知识,为开发智能诊断专家系统的知识获取提供方便。

基于粗糙集自身的优异性能,其在知识获取领域应用日趋广泛。文献[35]利用粗糙集理论来获取零件是否可以合并的决策规则;文献[36]利用粗糙集提取反映电气设备绝缘性能的最小特征量集合,以获取绝缘性能诊断知识;文献[37]将可变精度粗糙集模型与模糊聚类结合到一起,应用到制造业当中,用以辅助意外事件决策。

5. 基于机器学习的知识获取

机器学习是专家系统进行自动知识获取的主要途径。机器学习有以下几种主要学习方式:

(1)归纳学习。归纳学习的任务是从给定的关于某个概念的一系列已知的正例和反例中归纳出一定的概念描述。归纳学习能够获得新的概念、创立新的规则、发现新的理论,其一般操作为泛化和特化。泛化用来扩展假设的语义信息,以使其适应于更多的情况;特化是泛化的反操作,用于限制概念描述的应用范围。归纳学习代表性的方法有 Quinlan 的 ID3 方法、Michalski 等的 AQ 类方法以及决策树方法等。

(2)类比学习。类比学习是一种允许知识在具有相似性质的领域中进行相互转换的学习策略,其代表性的方法有转换类比、派生类比、基于范例的学习等。对类比知识的处理具有联想、匹配和转换等特殊性。基于范例的学习和推理具有简化知识获取、可以直接复用对过去求解结果等优点。

(3)分析学习。分析学习方法试图根据系统中的知识,通过分析较少的实例来形成概念的泛化和特化。该方法主要使用演绎的手段进行学习,代表性的方法有基于解释的泛化和特化以及失败中学习等。按照对学习者限制程度的不同,学习可以分为有导师的学习和无导师的学习。无导师的学习即为发现,因此无导师的机器学习又称机器发现。当前,机器发现研究主要集中在三个方面:①概念聚类——对物体或事件进行分类;②经验规律的归纳——从大量观察或实验数据中归纳出反映本质的规律;③理论的形成和修正。

6. 基于聚类调优的知识获取

该方法采用聚类分析作为数据挖掘的主要方法,得到用产生式规则表示出来的定性知识;通过调优,把定性知识上升为定量知识,整个过程并不是单向的,而是循环的、多级反馈的。该方法最重要的两个环节是聚类和调优。

(1) 通过聚类获取定性知识。聚类分析作为数据分析中的一类无监督方法,能把样本空间中的模式区分开来,这种模式如果具有某种解释,就可以成为用产生式规则表示出来的定性知识。通过聚类既可以重温旧知识,又可以发现新知识。通过聚类直接获取的知识还只是对事物定性的陈述,它比较粗糙,因此采用调优的方法将定性知识定量化。

(2) 定性知识定量化。根据实际需要解决的问题,可以确定调整方向,同时选取数据为系统建立一个数学模型(回归神经网络、模糊逻辑系统等),在模型精度达到一定阈值时,以此预报调整输入可能会对输出的影响。值得注意的是,数学模型的外推能力都是有限的,因而由此导出的知识的应用范围也是有限的,一般都不超过样本均值加减两个标准差的范围。

此外,仿真技术、决策树等方法也在知识获取中得到了应用。文献[38]利用PSPICE软件进行电路器件的仿真,并以故障仿真方法获取诊断知识,可部分代替经验故障数据积累和人工实际故障模拟方法建立故障诊断知识库。文献[39,40]研究了基于决策树的知识获取算法。

此外,为了加速知识的获取,人们还开发了一些帮助领域专家或工程师实现知识抽象和转换的软件系统,即知识获取工具。目前,知识获取工具有 KREME、AQUINAS、KRITON、MORE 等。国内关于知识获取工具的研究比较晚,知识获取工具大多针对某个具体领域,且多属于半自动知识获取。

综上所述,自动知识获取是今后的一个发展趋势,且机器学习理论已在知识获取中取得了成功应用。在这当中,粗糙集理论因其自身的优势,能够克服知识获取过程中人为因素的影响,已经广泛应用到各个领域。故此,书中主要介绍采用粗糙集方法来实现专家系统的自动知识获取。下面介绍粗糙集理论的发展现状。

7.2　基于故障树的知识获取模型

7.2.1　概述

基于故障树的知识获取模型,主要实现如下功能:

(1) 以图形化的方式建立故障树。

（2）将故障树中的信息转化为产生式规则。

（3）以图形化的方式维护故障树。

若想实现上述功能,必须解决如下问题:

（1）如何将故障树中的信息存储在数据库中。

（2）如何绘制故障树图形,实现故障树节点信息的自动获取。

（3）如何确定故障树转化为产生式规则所依赖的原则。

（4）如何实现图形化维护故障树的功能。

图 7.3 示出了故障树的存储及建立、维护与规则转化之间的结构关系。

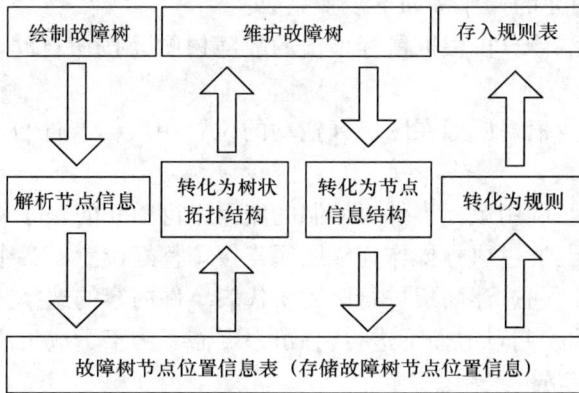

图 7.3　基于故障树的知识获取结构关系

7.2.2　故障树的存储

在建立故障树前,首要建立故障树节点信息表存储故障树的节点信息,该表至少应满足以下三条原则:

（1）体现故障树的拓扑结构。

（2）应包含所有节点信息。

（3）易于节点信息的扩充、修改、转化等。

基于以上原则,每个节点包含的信息有节点位置信息、节点所代表的故障事实信息、节点的父节点位置信息、节点的孩子节点数目、节点的门类型、节点的匹配度（规则推理时使用）。故障树节点位置信息表见表 3.11 所示。

7.2.3　故障树的建立

在图形化界面下实现故障树的建造,主要任务是将故障树输入到计算机并且在计算机屏幕上美观紧凑地显示出来,同时还支持编辑功能,如删除、修改等操作。

1. 问题分析

在计算机中绘制故障树,目的是使计算机将建好的故障树绘制出来。这其中涉及三个方面的内容：

（1）故障树的绘制，绘制过程要简单易行，故障树要形象直观。

（2）故障树信息的自动获取，即系统能够自动计算出节点的所有信息。

（3）故障树的存储，将绘制好的故障树储存到故障树节点信息表。

2. 设计实现

1）故障树的绘制

采用动态建造故障树的方式绘制故障树。动态建造故障树采用的是基于 Windows 消息处理机制的计算机辅助人工建树的实现方法。

故障树基本图元的操作按如下步骤完成：

（1）选择图元：计算机根据鼠标单击的故障树图元按钮自动识别出要绘制的图元。

（2）绘制图元：根据鼠标在图形区拖动的位置用鼠标事件自动绘制出选中的图元。

（3）调整图元：利用鼠标事件对绘制的图元进行图元的删除及位置的调整。

（4）连接图元：通过鼠标操作连线图元连接调整好位置的各个基本图元。

（5）标注图元：通过浮面板进行图元所代表事件内容的选择。

整个故障树的绘制自上而下进行，并可根据需要为某个成员添加新成员，直至完成所有门族及成员的绘制。

在具体实现中，图元设计为 bitmap 类型的图片，且形象地表示为故障树中的节点及门型的标准形式；图形区域为按照图元大小设计的网格阵列。绘图过程的基本原理是将选定的图片放置到图形区域中适合的网格上。

2）故障树信息的自动获取

绘制完故障树后，需要进一步识别出故障树的拓扑结构信息，为故障树的存储做准备。为实现故障树节点信息的自动获取，系统依据图形区域内图元信息建立了一张故障树的"虚拟信息表"。这张虚拟表存储了所有图元的信息，通过解析该表即可获得故障树所有节点信息。具体实现过程如下：

（1）对于故障树的图元，由于采用的是图形放置方式，为每一图元设置一个图元标识值。例如，"顶事件"设为"1"，"中间事件"为"2"，"与门"为"3"等，依次类推。这样实现了图元所代表的事件与其值的一个映射关系，这里暂命名为关系 A。

（2）对于原始图形区域（尚未放置图元），由于是一个网格阵列，分配每个网格一个初始值（与上述图元标识值相异），例如可以置为"10"。

（3）绘制完成故障树，遍历图形区域的网格阵列，可以获得一整型数组 B。数组每个元素值，均由前述图元值（若该网格放置图元）或网格初始值（若该网格为空）组成。

结合关系 A 和数组 B 解析出故障树的所有节点信息以及节点间的逻辑关系

信息,就得到了故障树的拓扑结构。

3）故障树的存储

获得了故障树的节点信息,最终还要将其存储到故障树节点信息表中。在这里,考虑到系统的接口形式,采用 MFC 中的 CList 链表来存储故障树。节点信息结构的设计依据是故障树节点信息表中的记录格式。每个节点都用一个节点信息结构体变量来存储,所有节点都添加到一个故障树节点信息链表中。如此设计,既降低了开发难度,又缩短了开发周期,同时也提高了程序的运行效率。

7.2.4 故障树转化为规则

在图形化界面下建立故障树,实现了故障树信息的获取,然而建立故障树的最终目的是获取专家知识,即故障诊断规则。下面将分别介绍故障树转化为规则的基本准则以及详细实现过程。

故障树中的各节点事件之间的关系与产生式规则之间有明显的对应关系。规则推理中匹配过程往往不是一步到位,而是经过一步步推理得到结果,其结果又往往成为其他规则的前提条件,这像一个链式反应,一步步地推导出最终的诊断结果。规则中的 If 条件部分和 Then 结论部分分别对应故障树中各层节点事件。

现在重点在于,如何用故障树构建这种链式的规则。按照 5.3.3 节准则 1 和准则 2,设计算法就可以由故障树产生推理规则。这种转化是建立在对系统或者部件的故障分析的基础之上,一旦建立好故障树之后,利用这种算法就可以得到规则,实现规则的自动获取功能。

根据上面提到的规则转化的两条准则,生成规则的算法流程如图 7.4 所示。

7.2.5 故障树的维护

以上完成了故障树的图形化建立以及故障树到规则的转化,至此建立了一个基于故障树的知识获取模型,通过该模型可以方便地获取诊断规则。

随着技术的不断发展,系统也在新老交叠中逐渐更新换代,对应系统的故障树也就必然发生变化,专家系统的知识库也必须随之更新,这就对系统的故障树维护提出了要求。此外,如果系统的故障树十分庞大,包含上百个节点,必然加大了维护的难度。

针对上述问题,本节设计实现了一个图形化的故障树维护模型,主要实现的功能包括添枝、修枝、删枝、剪枝,以及节点的添加、删除、修改等。

1. 问题分析

实现故障树的维护,首先必须将故障树图形显示出来,即完成故障树节点信息到故障树图形的转化;其次,在故障树图形上实施维护操作,完成相关信息的更新;最后,将更新的故障树图形逆转为故障树节点信息,存入数据库。

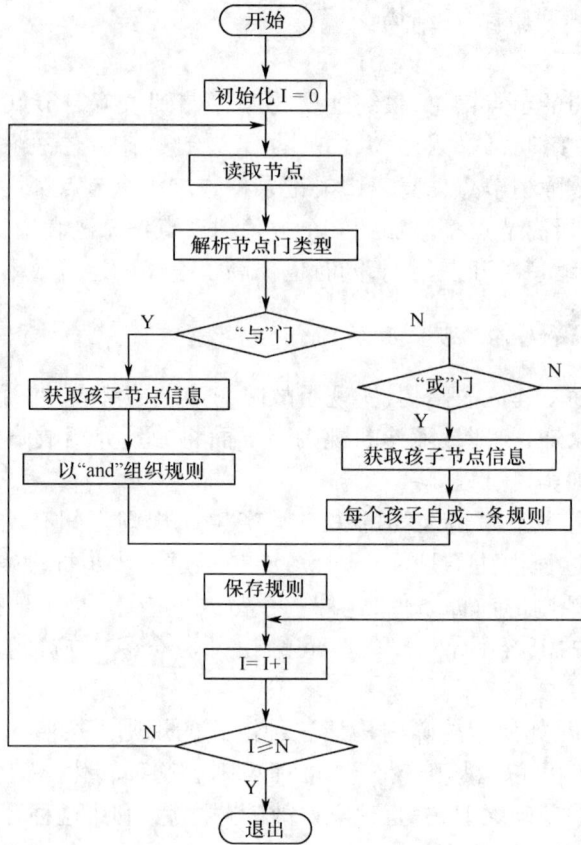

图 7.4　故障树转化为规则算法流程

实现上述功能的关键是如下几点设计：

（1）故障树树状结构设计；

（2）数据表信息到故障树拓扑结构的转化；

（3）故障树拓扑结构到数据表信息的转化；

（4）维护功能函数的设计。

2. 设计实现

1）故障树树状结构

故障树结构的设计好坏，直接影响到后期维护功能实现的难易，因此，在设计结构时要从通用、可扩展以及易维护的角度出发。基于此，以树形结构来实现故障树的拓扑结构。在设计中实施的原则如下：

（1）故障树的每个事件都抽象为树中的一个节点；

（2）每一事件和其下层事件之间的逻辑关系抽象为该事件节点的数据项；

（3）事件之间的层次关系也抽象为节点的数据项。

由此得出的故障树节点信息结构见表 7.1 所列。

表 7.1 故障树节点信息结构

字 段	数据类型	描 述
NodeID	CString	节点的唯一编号
NodeDescription	CString	节点信息描述
GateType	CString	节点门类型
pParent	CNode *	节点的父节点指针
ChildNodeList	CPtrList	节点的孩子指针链表

该数据结构信息分为 3 类 5 个数据项。第一类为节点的唯一标识 NodeID,每个节点互不相同;第二类为节点的个体信息,包含 NodeDescription 和 GateType 两项,分别表示节点事件的语义描述和该节点与其下层关联节点的因果关系描述;第三类为节点的层次关系信息,包含 pParent 和 ChildNodeList 两项。其中:pParent 为该节点的双亲节点指针;ChildNodeList 为该节点的孩子节点指针链表。第三类数据项最为关键,实现了节点之间的相互链接关系。通过指针操作,为后继的节点维护提供了便捷。

上述节点信息结构既包含了整棵故障树的所有信息,又可以根据实际需要增添新的数据信息,易于维护和拓展,为故障树维护功能的实现奠定了基础。

2）数据表信息到故障树拓扑结构的转化

数据表信息到故障树拓扑结构的转化,是读取信息表中的故障树节点信息,转化为故障树的拓扑结构存储下来。故障树的显示、维护等功能的实现均依托于该拓扑结构。由此可见,该拓扑结构的实现至关重要。实现该结构的过程如下:

（1）建立故障树的根节点指针;

（2）对所有节点信息按照层次关系排序,保证双亲节点排在子节点前面;

（3）从顶到底遍历所有节点,同时对每一节点查找其父节点,并且为其父节点添加该孩子节点。

在根节点 pRoot 这个指针中,存储了整棵故障树的信息。pRoot 即代表了整棵故障树的拓扑结构。当然,该指针实际上是整棵故障树的指针链表的顶指针,在计算机内存中存储了所有节点信息。图 7.5 显示故障树信息到拓扑结构的转化。

3）故障树拓扑结构到数据表信息的转化

故障树拓扑结构到数据表信息的转化,即从故障树拓扑结构中解析出数据表所需信息,以完成故障树节点信息存储到数据表。实现过程是:遍历故障树拓扑结构中的每一节点;从每一节点的信息中解析出数据表存储所需信息,存入节点链表。

4）维护功能函数的设计

故障树的维护包括节点的添加、删除、修改等。在故障树拓扑结构中实现维护功能,实际上就是对故障树根节点指针变量的修改操作。下面以添加功能的实现

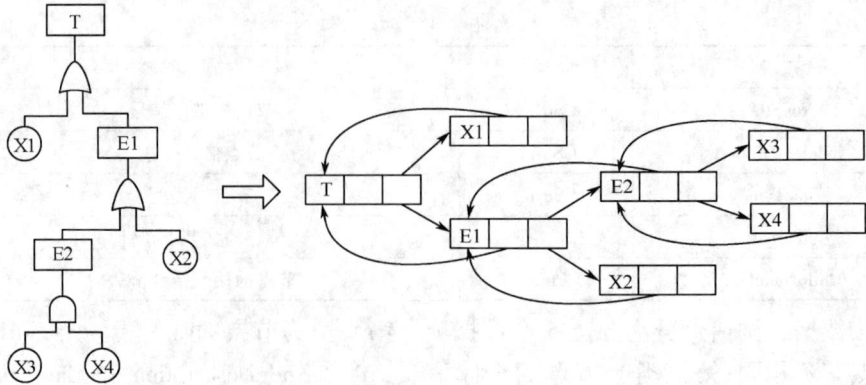

图 7.5　故障树信息到拓扑结构的转化

为例,介绍具体的实现机制。

　　故障树维护是在图形化界面下完成,依托于 Windows 消息响应机制,在鼠标右键响应函数中实现。具体实现步骤如下:

　　(1) 获取选定的待维护节点图元信息 A,主要包括节点的标识信息、描述信息、门类型、父节点等;

　　(2) 依据信息 A,在故障树根节点 pRoot 中查找出对应的节点信息 A;

　　(3) 在 A 中按照既定的维护策略添加子节点;

　　(4) 更新故障树根节点 pRoot。

　　至于其他功能的实现,只是在步骤(3)中略有不同,其余完全一致。

　　这样一来,首先是从故障树节点信息表中读取故障树信息,转化为拓扑结构,存入指针 pRoot 中;其次从 pRoot 中获取信息,图形化显示故障树;然后按照某种维护策略,对某节点进行信息维护;最后维护信息存入数据库。整个功能的实现,最终得益于故障树拓扑结构的设计实现。

7.2.6　实验结果分析

　　在 VC + +6.0 集成开发环境下,实现了基于故障树的半自动知识获取模型。系统提供了一个可视化的操作界面,使建立故障过程更加简洁、直观,为故障树分析以及知识获取提供了便捷。通过实际诊断案例验证,该模型行之有效。下面给出了某雷达系统匹配装置故障树实例,故障树如图 7.6 所示。

　　图 7.7 示出了在图形化操作界面下建立的故障树,该故障树的顶节点事件为"匹配装置故障",系统在后台自动将所有信息存入数据库。

　　在建立好故障树以后,如果需要对故障树信息进行维护,即可进入故障树信息维护界面。图 7.8 示出了依据数据库中故障树节点信息所建立的故障树模型。利用该故障树模型,系统自动显示出故障树的树状结构图以及所有节点信息。用户只需通过鼠标右键点击相应节点事件,即可弹出相应操作提示对话框,进入到节点

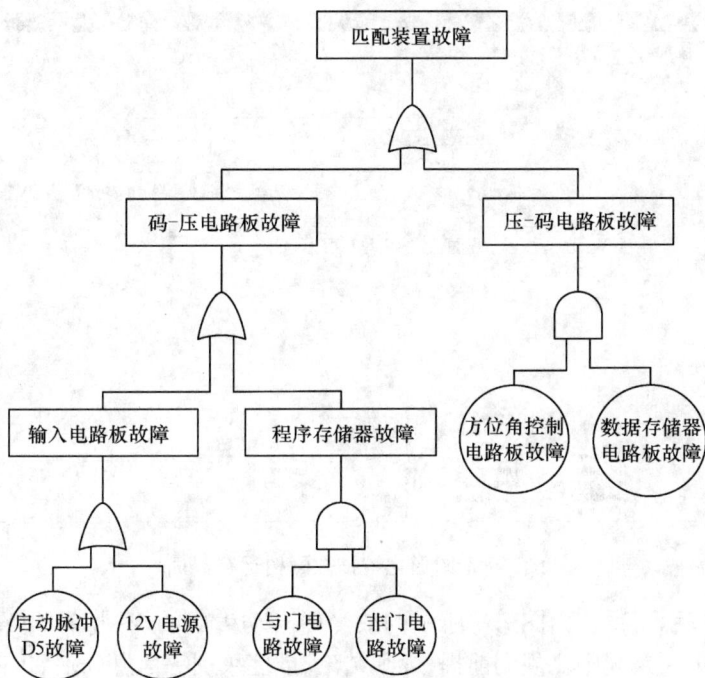

图 7.6　某型雷达匹配装置故障树示意图

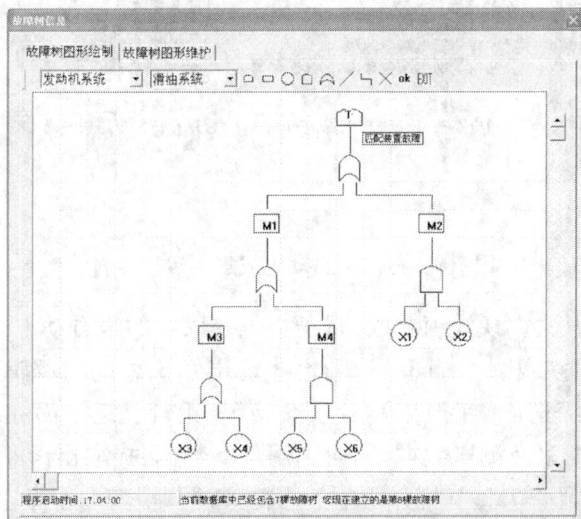

图 7.7　图形化建立故障树运行界面

维护操作界面。通过这种方式,用户可以随时完成故障树的添枝、删枝、剪枝等各种维护操作,系统在后台自动完成数据库的更新,确保了故障树信息的完整性。如此,一方面可以动态、直观地显示用户的各种操作;另一方面也大大降低了工作量,提高了建立故障树效率。

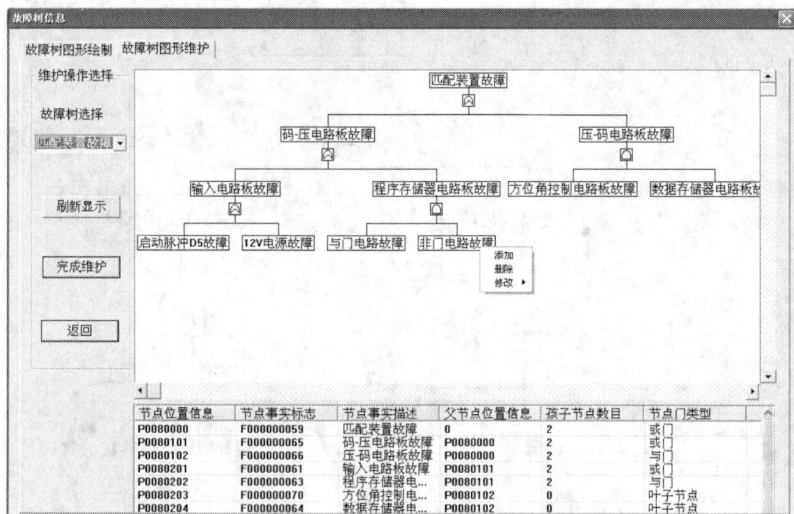

图 7.8　图形化维护故障树运行界面

图 7.9 展示了系统由图 7.8 所示的故障树自动生成的规则。可以看出,此故障树一共生成了 8 条规则。规则前提、规则结论、推理级别等信息分别如图 7.9 所示。

图 7.9　故障树自动生成规则运行界面

采用故障树方式实现知识获取,属于知识获取中的半自动方式,它可以将已有的专家知识输入到知识库中,同时清晰地体现出知识之间的逻辑关系。但这种类型的知识主要来源于维修手册以及专家经验等,比较贫乏。而在现实中存在着大量的历史记录数据以及测试数据,如何利用这些数据,提取出诊断知识以扩充知识库,将在 7.3 节介绍。7.3 节将介绍基于粗糙集的知识获取模型。

7.3　基于粗糙集的知识获取模型

7.3.1　概述

Rough Set 理论是由波兰华沙理工大学 Pawlak 教授于 20 世纪 80 年代初提出

的一种研究不完整、不确定知识和数据的表达、学习归纳的理论方法。它能够从大量的、不确定的、模糊的甚至是不完整的信息中获取有用的信息,且能有效地对这些信息进行分析和处理,并从中发现隐含的知识、揭示潜在的规律。近年来,已广泛应用到控制理论、知识发现、决策支持与分析以及故障诊断等领域。

1. 粗糙集理论发展历程

20 世纪 80 年代初,粗糙集理论的研究人员主要局限于东欧各国,并且最初的研究成果大多是用波兰文发表的,因此当时没有引起国际学术界的重视。80 年代末 90 年代初,由于该理论在人工智能领域得到成功的应用,特别是 1991 年,Z. Pawlak 教授出版的第一本关于粗糙集的专著《粗糙集:关于数据推理的理论》和 1992 年 R. Slowinski 主编的《关于粗糙集应用及其相关方法比较研究》的论文集的出版,推动了国际上对粗糙集理论与应用的深入研究。1992 年,在波兰 Kjekrz 召开了第一届国际粗糙集研讨会"Rough Sets:State of the ART and Perspective"。会议着重讨论了集合的近似定义的基本思想及其应用,其中粗糙集环境下的机器学习基础研究是这次会议的专题之一。1993 年,在加拿大的 Banff 召开了第二届国际粗糙集与知识发现研讨会"The Second International Workshop on Rough Sets and Knowledge Discovery,RSKD'93"。会议主题是粗糙集、模糊集和知识发现。1994 年,在美国 San Jose 召开了第三届国际粗糙集与软计算研讨会"The Third International Workshop on Rough Sets and Soft Computing,RSSC'94"。会议广泛讨论了粗糙集与模糊逻辑、神经网络、进化理论等的融合问题。1995 年,ACM Communication 将其列为新浮现的计算机科学的研究课题。粗糙集理论的主要倡导者,在第 11 期的 ACM 通信上发表了论文 Rough Sets,概括性地介绍粗糙集在知识获取和机器学习、决策分析、知识发现等领域的具体研究项目和进展,极大地促进了粗糙集的研究。粗糙集与计算趋势国际大会"The International Conference on Rough Sets and Current Trends in Computing"(RSCTC),自 1998 年起每两年举办一次,第六届 RSCTC'2008 在美国的俄亥俄州召开。粗糙集、模糊集、数据挖掘和粒度软计算国际研讨会"The International Workshop on Rough Sets,Fuzzy Sets,Data Mining and Granular – Soft Computing"(RSFDGrC),每两年举办一次,第十一届 RSFDGrC'2005 会议在加拿大的多伦多举行。此外,自 2004 年起,Springer 公司定期出版关于粗糙集的专门杂志"Transactions on Rough Sets"。

国内高校和研究机构从 20 世纪 90 年代后期开始了对粗糙集理论的研究,相继出版了不少介绍粗糙集理论的专著;自 2001 年起,已连续举办了八届中国粗糙集与软计算学术研讨会(CRSSC),第八届中国粗糙集与软计算学术研讨会在河南新乡举行,并于 2003 年在重庆举办了第九届 RSFDGrC'2003 会议,对我国粗糙集理论的研究起到推动作用。

2. 粗糙集理论研究现状

目前,对粗糙集理论的研究主要集中在数学性质、粗糙集的扩展模型、与其他不确定方法的关系和互补及有效算法等方面。

在粗糙集的数学性质方面,主要讨论粗糙集的代数结构和拓扑结构、粗糙逻辑以及粗糙集的收敛性等,并衍生出"粗糙半群"及"粗糙积分粗糙微分"等数学概念。

粗糙集模型拓展方面的研究主要涉及非理想信息系统的广义粗糙集模型和连续属性离散化模型,主要解决粗糙集应用于数据分析时,遇到数据噪声、连续属性离散化和数据不完备等问题。其中最重要的成果是 W. Ziarko 教授提出的变精度粗糙集(Variable Precision Rough Set, VPRS)模型。J. D. Katzberg 和 W. Ziarko 进一步提出不对称边界的 VPRS 模型,使此模型更加一般化。对于不完备信息系统,M, Kryszkiewicz 提出了容差关系模型与量化容差关系模型,J. Stefanowski 等人提出非对称相似关系模型,王国胤提出限制容差关系模型。此外,H. S. Nguyen 和 A. Skowron 提出的布尔逻辑和粗糙集理论相结合的算法处理离散化问题,李兴生、李德毅还提出了一种基于云模型的离散化方法。

在粗糙集理论与其他处理模糊性或不确定性方法之间关系的研究中,主要集中在它与模糊集理论、D-S 证据理论、神经网络、遗传算法的相互渗透和补充。

粗糙集理论有效算法方面的研究,主要集中在属性约简、决策规则获取和粗糙基本运算的并行算法等方面。

3. 基于粗糙集理论的知识发现系统

近年来,国外建立了不少基于粗糙集理论的知识发现系统,其中最具代表性的有 LERS、ROSETTA、ROSE(Rough Set Data Explorer)、KDD-R 等。

美国 Kansas 大学开发的基于粗糙集的实例学习(Learning from Example Based on Rough Sets, LERS)系统是用 Common Lisp 在 VAX9000 上实现的,能够从输入数据中归纳并产生出最小规则。LERS 已经被 NASA 的 Johnson 空间中心应用了多年,作为专家系统的开发工具,为 Freedom 号空间站提供医疗决策服务。此外,LERS 还广泛地用于环境保护、气候研究。

ROSETTA 是挪威科技大学计算机与信息科学系和波兰华沙大学研究所合作开发的一个基于粗糙集理论框架的表格逻辑数据分析工具包,能够在 Windows NT/98/95 操作系统上运行,它可以实现空值处理、离散化、约简计算、规则获取、分类识别等功能。

波兰 Poznan 科技大学基于粗糙集开发了 ROSE,该系统实现了 Z. Pawlak 的基本粗糙集模型和 W. Ziarko 的可变精度粗糙集模型,并成功应用于医学、药剂学、技术诊断、金融和管理科学、图像与信号处理、软件工程评估等。

此外,还有加拿大的 Regina 大学开发的基于可变精度粗糙集模型的 KDD 系统,挪威 Troll Data 公司开发的 Rough Enough、波兰华沙大学数学学院开发的 RSES(Rough Sets Exploration System)和德国 Osnabruck 大学开发的 Grobian 等。

国内这方面的研究刚刚起步,建立的系统主要有中国科学院计算技术研究所研制的多策略知识发现平台 MSMine,它将多种数据约简算法集成到该平台中。重庆邮电大学计算机科学与技术研究所研制了粗集智能数据分析系统(RIDAS),该系统能完成数据补齐、离散化、属性约简、值约简、不完备数据算法等功能。

在这些应用软件中,ROSETTA、Rough Enough、RESE 和 Grobian 是免费的,可以在网站上下载最新版本。

4. 粗糙集理论的应用

粗糙集理论的生命力在于它具有较强的实用性,从诞生到现在虽然只有 20 多年的时间,但已经在许多领域取得了令人鼓舞的成果。

在商业领域,Kuang Yuhuang、Jane ChuenJiuan 将粗糙集、灰色系统应用到 ARX 预测系统中,进行股票预测,结果表明可以获得较高的预测精度,且在所选股票上获得了较高的收益。Li Yanlai 等人将粗糙集、kano 模型和 AHP 综合到一起,对消费者需求的重要性进行排序,商家以确定其卖点,研究结果表明,该模型十分有效。Wang Zongjun 等人将粗糙集方法应用到企业倒闭预测中,模型中不仅包含企业的财务指标,还包含其他指标,其预测精度达到 95%。

在医学领域,Puntip Pattaraaintakorn 等人以粗糙集理论为依据,对糖尿病和生存时间之间的联系进行了探讨,研究结果表明,在中老年人群中,糖尿病是导致死亡的一个重要因素。Vladimir Brtka 等人结合 ROSETTA 工具,利用粗糙集的不可分辨关系,研究引起肥胖的因素中瘦素与其他因素之间的相互作用,研究结果表明,如果人体中瘦素含量高于 24.945ng/mL,就很有可能患有心血管病、高血压等疾病。Thando Tettey 等人利用粗糙集对南非卫生部提供的 HIV 数据进行分析,结果显示粗糙集方法在实际数据识别中的表现要优于神经 – 模糊方法。

在环保领域,Zhao Jianna 等人采用粗糙集和支持向量机的方法,建立了中国城市环境效力评估模型。该模型首先通过粗糙集对信息表进行约简,然后导出分类规则用以支持向量机训练,结果表明模型极其有效。

在故障诊断领域,Shu Hongchun 等人研究了基于 Extenics 和粗糙集的变压器故障诊断算法,提高了单纯使用 RS 的诊断精度,实验结果表明,该算法的精度高于 IEC 算法。Guo Qinglin 等人将粗糙集用于蒸汽机涡轮的故障诊断和预测,实验结果显示,诊断精度达到了 88%。

粗糙集的应用领域还包括雷达信号识别、智能压力传感器、交通领域、图像、互联网等。

基于故障树的知识获取模型属于知识获取中的半自动获取方式,主要解决了对于维修手册、专家经验这类知识如何输入到计算机中的问题。

然而,维修手册只是一些常见故障的排故指南,单靠此不太容易总结故障的产生机理,而且对于大部分故障的解决仅是依照指示更换线路或者部件,据此很难获知系统内部的复杂关系;同时专家经验又极其缺乏且常带有主观意识。因此,仅依靠这些知识来源构建知识库远远不够。

飞行数据记录仪中记录了大量的历史飞行数据,这些数据为后期的事故分析、故障预测提供了有利的支持。这些事故分析案例中隐含了飞行参数与飞机故障之间的逻辑因果关系,对其分析处理就可以获取诊断知识。此外,发动机、航电系统在试验阶段记录了大量测试数据,机场维修人员在长期的工作中也积累了大量的故障案例,这些都可以作为专家系统的知识来源。充分利用这些领域历史案例数据,分析其内在联系,挖掘出诊断规则,有助于丰富诊断知识库,改善专家系统性能。基于此,本章建立了基于粗糙集的自动知识获取模型来拓宽专家系统的知识来源。

本节在研究粗糙集的相关理论和算法的基础上,建立了基于粗糙集的知识获取模型。该模型通过离散化、属性约简、值约简等步骤实现了知识的自动获取,拓宽了专家系统的知识来源。

建立模型的工作流程(图 7.10)如下:

(1) 选择案例数据表,建立案例决策表。

(2) 对案例的连续属性进行离散化处理。

(3) 对决策表进行一致性处理,保证决策表的协调。

(4) 对决策表进行属性约简。

(5) 对决策表进行值约简。

(6) 决策表转化为规则。

在知识获取的过程中,比较关键的步骤是连续属性离散化、属性约简和值约简,下面将分别阐述这三部分内容。

图 7.10　建立模型的工作流程

7.3.2　连续属性离散化

运用 Rough Set 理论处理决策表时,要求决策表中的值用离散(如整型、字符串型、枚举型)数据表达。如果某些条件属性或决策属性的值域为连续值(如浮点型),则在处理前必须离散化处理;而且,即使对于离散数据,有时也需要将离散值合并到更高、更抽象层次的离散值。这是 Rough Set 理论中的一类重要研究课题。在实际故障诊断领域,历史记录数据绝大多数都是连续型值,这就要求必须寻求一种切实可行的离散化方法,以提高诊断规则的适应度。

连续属性的离散化方法有很多,不同的离散化方法会产生出不同的离散化结果,但任何一种离散化方法都应尽可能满足以下两个方面:

(1) 属性离散化后的空间维数应尽量少,即经过离散化后的每一个属性都应包含尽量少的属性值的种类。

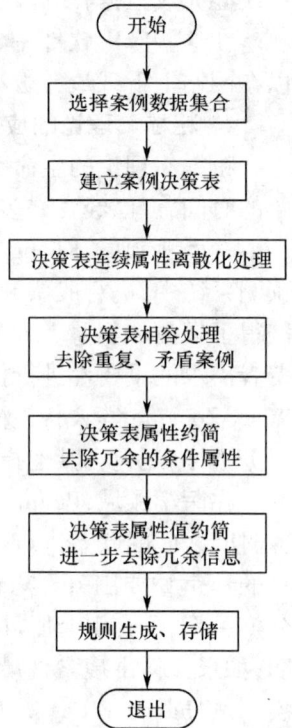

（2）属性值被离散化后丢失的信息尽量少。

现有的离散化方法中根据离散化过程是否考虑信息系统具体的属性值,可分为无监督离散化方法和监督离散化方法。无监督离散化方法在离散过程中很少考虑或不考虑信息系统中具体的属性值,而监督离散化方法是参照信息系统中具体的属性值来进行的。比较有代表性的离散化方法如图7.11所示。

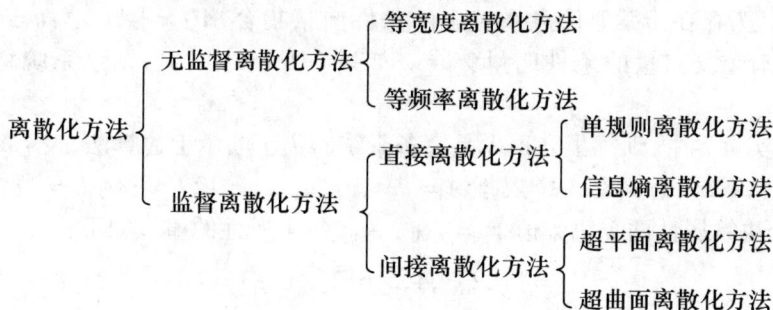

图7.11　离散化方法

连续属性离散化是决策表约简的第一步,也是最重要的一步。离散化结果的好坏,直接影响着所获得规则的适应度。依据前述介绍的离散化结果的衡量标准,采用了基于分布指数的离散化方法。这是一种有监督、局部离散化方法,它能够依据数据的实际分布情况获得合理的断点。

1. 算法介绍

1）值分布

令 $H = \langle U, A \rangle$ 表示一个信息系统,其中 $U = \{o_1, o_2, \cdots, o_i, \cdots, o_n\}$ 是一个有限非空集合,称为对象空间或论域。o_i 叫做一个对象,每个对象都有一个非空有限属性集合 $A = \{a_1, a_2, \cdots, a_i, \cdots, a_m\}$,其中,$m$ 为属性的个数。一个案例信息系统和一个一般的信息系统的区别就在于它具有决策属性。令 $I = \langle U, A \cup D \rangle$ 代表一个案例信息系统,其中 $U = \{u_1, u_2, \cdots, u_i, \cdots, u_n\}$ 是一个非空有限集合,称为案例空间或论域,u_i 称为 U 中的一个案例(n 为案例的个数)。每个案例都有一个属性集合 A 和决策属性 D。D 是一个决策属性或者类属性的非空集合,且 $A \cap D = \varnothing$。

令 $a \in A$,V_a 代表属性 a 的值域。存在一个从论域 U 到值域 V_a 的映射 $a(u)$:$U \rightarrow V_a$。映射 $a(u)$ 代表了案例 u 的属性 a 的取值。对于一个给定的案例空间 U,属性 a 的值域 V_a 可以表示为 $V_a = \{d(u) : u \in U\}$,$a \in A$。决策属性的值域可表达为 $V_d = \{d(u) : u \in U\}$,$d \in D$。从属性值域 V_a 可以得到条件向量空间,如:

$$V_{\times A} = \mathop{\times}_{a \in A} V_a = V_{a1} \times V_{a2} \times \cdots \times V_{a|A|} , \ |V_{\times A}| = \prod_{i=1}^{|A|} |V_{a_i}|$$

式中:$|V_{\times A}|$ 为条件向量空间的大小。

同理,由决策值域也可以得到决策向量空间:

$$V_{\times D} = \mathop{\times}_{d \in D} V_d = V_{d1} \times V_{d2} \times \cdots \times V_{d|D|} , \ | \ V_{\times D} \ | = \prod_{i=1}^{|D|} | \ V_{d_i} \ |$$

式中：$|V_{\times D}|$ 为决策向量空间的大小。

一个案例和其条件属性的交点，对应于条件向量空间中的一个向量，可表示为

$$A(u) = (a_1(u), a_2(u), \cdots, a_{|A|}(u))$$

令 AU 为存在于案例信息系统中的条件向量集合，$AU = \{A(u):u \in U\}$。AU 是一个没有重复向量的条件向量集合。如果 $|AU| = |V_{\times A}|$，则该系统称为完备系统。

在现实世界中，训练集合很少是完备系统。为了演示上述算法，表 7.2 作为一个案例信息系统，总共有 4 个属性 $A = \{a_1, a_2, a_3, a_4\}$，12 个案例 $U = \{u_1, u_2, \cdots, u_{12}\}$，一个决策属性两个决策值 $V_d = \{+, -\}$，每个属性的值域如下：

$$V_{a_1} = \{1,2,3,4,5,6,7\}, |V_{a_1}| = 7$$

$$V_{a_2} = \{1,2,3,4\}, |V_{a_2}| = 4$$

$$V_{a_3} = \{1,2,3\}, |V_{a_3}| = 3$$

$$V_{a_4} = \{1,2,3,4\}, |V_{a_4}| = 4$$

条件向量空间的大小为

$$|V_{\times A}| = 7 \times 4 \times 3 \times 4 = 336$$

而表 7.3 中出现的条件向量个数 $|AU| = 12$。所以在表 7.3 中有 324 个可能的条件向量没有出现。由于有 324 个条件向量没有出现，所以表 7.2 不是一个完备系统。机器学习或数据挖掘算法可以应用到这样的不完备数据集合中来提取知

表 7.2　案例信息系统示例

U	a_1	a_2	a_3	a_4	d
u_1	1	1	1	4	+
u_2	1	2	3	3	−
u_3	2	3	1	4	+
u_4	2	4	2	1	−
u_5	3	4	2	2	−
u_6	4	4	2	3	+
u_7	4	3	3	3	−
u_8	5	2	2	4	+
u_9	6	2	1	4	+
u_{10}	7	4	2	3	+
u_{11}	7	2	3	1	−
u_{12}	7	3	3	2	−

识,并且能够依据所有的案例做出决策,包括没有出现的 324 个案例。多知识方法可以用来处理缺失数据集,以获得更高的决策精度。

假设存在一个案例信息系统 $I = \langle U, A \cup D \rangle$,令 N_{d_k} 代表系统中具有决策值 d_k 的案例的数目:$N_{d_k} = |\{u : d(u) = d_k$ 对于所有的 $u \in U\}|$

令 N_{d_k, a_i, v_x} 代表具有决策值 d_k 和属性值 $v_x \in V_{a_i}$ 的案例的数目:

$N_{d_k, a_i, v_x} = |\{u : d(u) = d_k$ 且 $a_i(u) = v_x$ 对于所有的 $u \in U\}|$

令 N_{a_i, v_x} 代表所有的决策值中属性值为 $v_x \in V_{a_i}$ 的案例的数目:

$$N_{a_i, v_x} = |u : a_i(u) = v_x \text{ 对于所有的 } u \in U|$$

表 7.4 为表 7.3 对应的 N_{d_k, a_i, v_x} 的值 N_{d_k, a_i, v_x} 为基本值分布数目,基于 N_{d_k, a_i, v_x},数目 N_{d_k} 和 N_{a_i, v_x} 可以由下面的表达式计算得到:

$$N_{d_k} = \sum_{v_x \in V_{a_i}} N_{d_k, a_i, v_x} \text{ 对于所有的 } a_i$$

$$N_{a_i, v_x} = \sum_{d_k \in V_d} N_{d_k, a_i, v_x}$$

表 7.3　案例信息系统值统计分布

决策属性	属性		$N_{d_k, a_i, v_x}(v_x \in V_{a_i})$							N_{d_k}
	命名	范围	v_{x1}	v_{x2}	v_{x3}	v_{x4}	v_{x5}	v_{x6}	v_{x7}	
$d_1 = '+'$	A_1	$\{1,2,\cdots,7\}$	1	1	0	1	1	1	1	6
	A_2	$\{1,2,3,4\}$	3	1	1	1	—	—	—	
	A_3	$\{1,2,3\}$	3	3	0	—	—	—	—	
	A_4	$\{1,2,3,4\}$	0	0	2	4	—	—	—	
$d_2 = '-'$	A_1	$\{1,2,\cdots,7\}$	1	1	1	1	0	0	2	6
	A_2	$\{1,2,3,4\}$	0	2	2	2	—	—	—	
	A_3	$\{1,2,3\}$	0	2	4	—	—	—	—	
	A_4	$\{1,2,3,4\}$	2	2	2	0	—	—	—	

2) 二叉熵以及复合熵

算法假定一个区间由一个分割点分割,然后调整该分割点以达到最小的二叉熵。令 $v_x \in V_{a_i}$ 为连续属性 a_i 的一个值,N_{d_k, a_i, v_x} 代表具有决策值 d_k 以及属性值 $v_x \in V_{a_i}$ 的案例数目。假定属性 a_i 被边界值 v_{bd}(分割点)分割。具有决策值 d_k 且属性值 $a_i(u) \leqslant v_{bd}$ 的案例数目定义为 $N_{d_k, v_{bd}, \text{left}}$:

$$N_{d_k, v_{bd}, \text{left}} = \sum_{v_x \leqslant v_{bd}} N_{d_k, v_{bd}, v_x}$$

对于所有的决策值,属性值 $a_i(u) \leqslant v_{bd}$ 的案例的数目为 $N_{a_i, v_{bd}, \text{left}}$:

$$N_{a_i, v_{bd}, \text{left}} = \sum_{d_k \in V_d} N_{d_k, v_{bd}, \text{left}}$$

具有决策值 d_k 且属性值 $a_i(u) > v_{bd}$ 的案例数目为 $N_{d_k, v_{bd}, \text{right}}$:

$$N_{d_k,v_{bd},\text{right}} = \sum_{v_x > v_{bd}} N_{d_k,v_{bd},v_x}$$

对于所有的决策值,属性值 $a_i(u) > v_{bd}$ 的案例数目为 $N_{a_i,v_{bd},\text{right}}$:

$$N_{a_i,v_{bd},\text{right}} = \sum_{d_k \in V_d} N_{d_k,v_{bd},\text{right}}$$

决策分布指数定义为

$$E_d(v_{\text{start}} \to v_{\text{end}}) = \sum_{d_k \in V_d} - N_{d_k,v_{\text{start}} \to v_{\text{end}}} \log_2\left(\frac{N_{d_k,v_{\text{start}} \to v_{\text{end}}}}{N_{a_i,v_{\text{start}} \to v_{\text{end}}}}\right)$$

式中: $N_{d_k,v_{\text{start}} \to v_{\text{end}}}$ 表示决策值为 d_k 且属性值在 v_{start} 和 v_{end} 之间的案例数目; $N_{a_i,v_{\text{start}} \to v_{\text{end}}}$ 表示属性值在 v_{start} 和 v_{end} 之间的案例数目,有

$$N_{a_i,v_{\text{start}} \to v_{\text{end}}} = \sum_{d_k \in V_d} N_{d_k,v_{\text{start}} \to v_{\text{end}}}$$

基于对决策分布指数的定义,当一个区间被分割时,两个决策分布指数可以表达为

$$E_{\text{left}}(v_x \le v_{bd}) = \sum_{d_k \in V_d} - N_{d_k,v_{bd},\text{left}} \log_2\left(\frac{N_{d_k,v_{bd},\text{left}}}{N_{a_i,v_{bd},\text{left}}}\right)$$

$$E_{\text{right}}(v_x > v_{bd}) = \sum_{d_k \in V_d} - N_{d_k,v_{bd},\text{right}} \log_2\left(\frac{N_{d_k,v_{bd},\text{right}}}{N_{a_i,v_{bd},\text{right}}}\right)$$

这样,分割点 v_{bd} 的二叉熵定义为

$$E(v_{bd}) = \frac{E_{\text{left}}(v_x \le v_{bd})}{N_{a_i,v_{\text{start}} \to v_{\text{end}}}} + \frac{E_{\text{right}}(v_x > v_{bd})}{N_{a_i,v_{\text{start}} \to v_{\text{end}}}}$$

式中: $N_{a_i,v_{\text{start}} \to v_{\text{end}}}$ 为区间中所有案例的数目。

根据机器学习理论,熵越小,属性离散化越好。离散化边界值 v_{border} 可以通过求取最小化二叉熵来获得,即

$$v_{\text{border}} = \arg \min_{v_{bd} \in V_{a_i}} E(v_{bd})$$

$$= \arg \min_{v_{bd} \in V_{a_i}} \left(\frac{E_{\text{left}}(v_x \le v_{bd})}{N_{a_i,v_{\text{start}} \to v_{\text{end}}}} + \frac{E_{\text{right}}(v_x > v_{bd})}{N_{a_i,v_{\text{start}} \to v_{\text{end}}}}\right)$$

换句话说,如果用 v_{border} 来分割属性值可以得到最小熵。依据上式,一个连续属性值可以分割为两个区间。下一步确定哪一个区间应该进一步分割。虽然决策分布指数可以提供一些信息来选择区间进行分割,但还不足以为从顶到底的优化策略创建一个好的指标。因此,定义值分布指数为

$$E_v(v_{\text{start}} \to v_{\text{end}}) = \sum_{v_{\text{start}} \le v_x \le v_{\text{end}}} \sum_{d_k \in V_d} N_{d_k,a_i,v_x} \log_2\left(\frac{N_{d_k,a_i,v_x}}{N_{a_i,v_x}}\right)$$

复合分布指数定义为

$$E_{\mathrm{com}}(v_{\mathrm{start}} \to v_{\mathrm{end}}) = \frac{E_d(v_{\mathrm{start}} \to v_{\mathrm{end}}) - E_v(v_{\mathrm{start}} \to v_{\mathrm{end}})}{|U|}$$

由于分割引起的复合约减如下：

$$\Delta E_{\mathrm{com}}(v_{\mathrm{start}} \to v_{\mathrm{end}}) = E_{\mathrm{com}}(v_{\mathrm{start}} \to v_{\mathrm{end}}) \times$$

$$\{E_{\mathrm{com}}(v_{\mathrm{start}} \to v_{\mathrm{end}}) - \max[E_{\mathrm{com}}(v_{\mathrm{start}} \to v_{\mathrm{split}}), E_{\mathrm{com}}(v_{\mathrm{split}} \to v_{\mathrm{end}})]\}$$

则算法依据该复合减少量来确定最佳分割区间。

3）算法流程

该算法采用了从顶到底的策略，首先从待选断点集中依据最小二叉熵确定一个最佳断点，该断点将整个属性区间分为两部分，计算各个区间的复合熵减少量，再依据该量确定最佳分割区间；接着在最佳分割区间上选择最佳断点；依此类推，直至断点达到一定数目或者复合熵减少量小于某值。

算法流程如下：

（1）依据采样数据和决策空间，计算值分布。

（2）计算二叉熵，确定分割点。

① 设置初始值：

a. 区间控制数目 $n=0$；

b. $v_{\mathrm{start}} = v_{\min}, v_{\mathrm{end}} = v_{\max}$；

c. 分割点序列表 S_list $= [v_{\min}, v_{\max}]$。

② 确定分割点：

$$v_{bd\_n} = \arg\min_{v_{bd} \in V_{a_i}} E(v_{bd})$$

$$= \arg\min_{v_{bd} \in V_{a_i}} \left(\frac{E_{\mathrm{left}}(v_x \leqslant v_{bd})}{N_{a_i, v_{\mathrm{start}} \to v_{\mathrm{end}}}} + \frac{E_{\mathrm{left}}(v_x > v_{bd})}{N_{a_i, v_{\mathrm{start}} \to v_{\mathrm{end}}}} \right)$$

③ 添加分割点到分割点序列表中：

$$\mathrm{S\_list} = [v_{\min}, v_{\mathrm{border}}, v_{\max}]$$

（3）选择进一步分割的区间：

① 计算复合分布指数和复合熵减量：

$$E_{\mathrm{com}}(v_{\mathrm{start}} \to v_{\mathrm{end}}) = \frac{E_d(v_{\mathrm{start}} \to v_{\mathrm{end}}) - E_v(v_{\mathrm{start}} \to v_{\mathrm{end}})}{|U|}$$

$$\Delta E_{\mathrm{com}}(v_{\mathrm{start}} \to v_{\mathrm{end}}) = E_{\mathrm{com}}(v_{\mathrm{start}} \to v_{\mathrm{end}})$$

$$\{E_{com}(v_{start} \to v_{end}) - \max[E_{com}(v_{start} \to v_{split}), E_{com}(v_{split} \to v_{end})]\}$$

② 记录每个区间的复合熵减量：

$$Dec\_list = [\Delta E_{com}(v_{min} \to v_{bd\_n}), \Delta E_{com}(v_{bd\_n} \to v_{max})]$$

③ 适应规则控制：

a. $n = n + 1$；

b. 在 Dec_list 中令 $\Delta E_{com\_max} = \max \Delta E_{com}$；

c. 如果 $\Delta E_{com\_max} < 0.001$，则结束；

d. 如果 $n \geq N_{max}$，则结束。

④ 选择最大的 ΔE_{com_max} 对应区间，进行下一步分割：

$$v_{start} = v_{start-with-max}, \quad v_{end} = v_{end-with-max}$$

转步骤(2)中的②。

基于分布指数的离散化算法流程如图 7.12 所示。

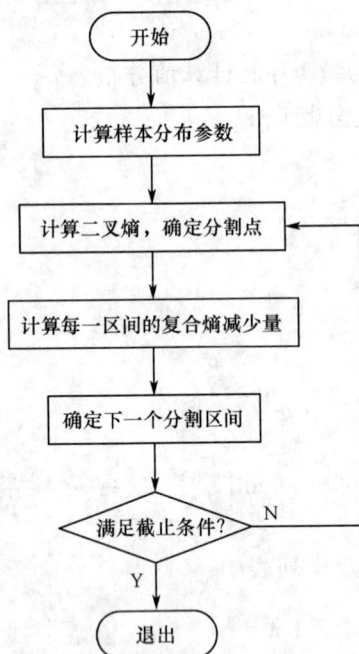

图 7.12　基于分布指数的离散化算法流程

2. 算法实现

结合基于分布指数的离散化算法，设计离散化工作流程如图 7.13 所示。根据决策表的条件属性个数 M，迭代 M 次，流程描述如下：

(1) 取条件属性列 x 和决策属性列 d；

開始

初始化 $N=1$，属性数目 M

$N \leq M$　N

Y

提取条件属性及决策属性取值序列 P 和 Q

对上述序列按照 P 取值从小到大排序

获取 Q 序列的取值空间

求 P 序列的最佳断点 s，s 将 P 分为 P_1 和 P_r 两个子区间

断点满足截止条件？　Y

N

保存断点到断点集

求得新区间的断点 S'

保存断点到断点集

$N{++}$

依据断点集合对新序列赋值，获得新决策表

退出

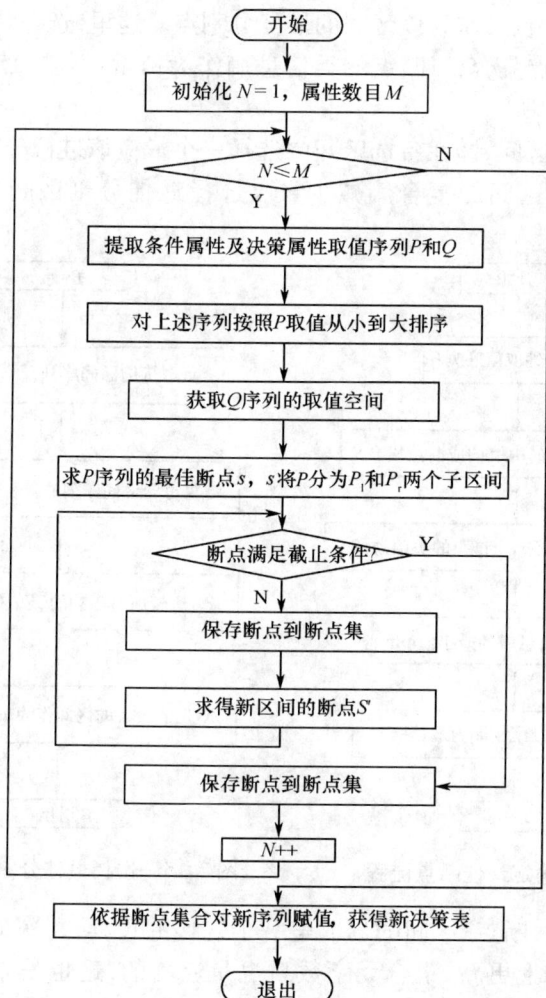

图 7.13　基于分布指数的离散化工作流程

（2）对上述组合按照条件属性列的取值从小到大重新排列；

（3）求取决策属性的取值空间；

（4）求条件属性区间上的最佳断点 s，s 将其分为 S_1 和 S_2 两个区间；

（5）保存 s 到断点集合；

（6）判断 s 是否满足截止条件：若满足，则转②（求下一个条件属性的断点集）；否则，转（7）。

（7）在 S_1 和 S_2 中选择一个最佳分割区间 S'；

（8）求 S' 上的最佳断点 s'，$s=s'$，转（5）。

上述流程中的实现重点是最佳断点的确定以及最佳分割区间的选择。

最佳断点的确定是指给定一个待分割区间及该区间上的断点集合，在断点集

合中选取一适合的断点,作为该区间的最佳分割点。这里,选择待分割区间的各相邻值的中值构成断点集合,以断点的类信息熵作为衡量最佳断点的标志。确定断点的流程如图 7.14 所示。

选择最佳分割区间,即在备选区间中选择一个最应该进行分割的区间,这里选择区间的标准是该区间的复合熵减少量。选择最佳分割区间的流程如图 7.15 所示。

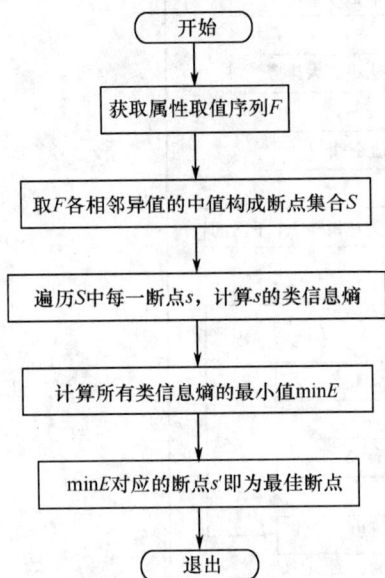

图 7.14　确定最佳断点流程　　图 7.15　选择最佳分割区间的流程

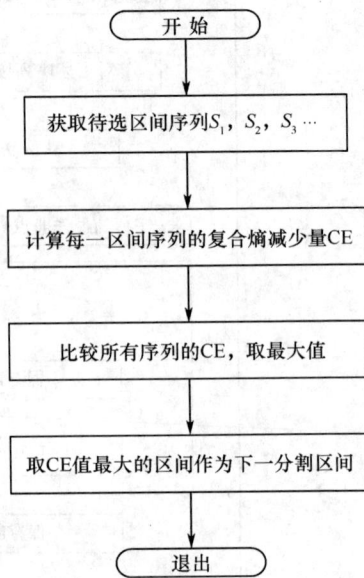

需要指出的是,断点、区间的选取是一个迭代的过程,每次的待分割区间集合应该在上次的基础上更新,集合元素数目也是递增的,这也是本算法的一个特别之处。

3. 算法应用

下面以 iris 数据为例,给出了两种不同方法下的离散化结果,见表 7.4 和表 7.5 所列。iris 数据共有 150 个样本,每个样本包含 4 个条件属性、1 个决策属性,样本类别为 3 类。

表 7.4　基于分布指数方法离散化 iris 数据结果

属性	断　　点				
A_1	4.85(5)	5.45(3)	5.55(1)	6.15(2)	7.05(4)
A_2	2.45(3)	2.85(4)	2.95(2)	3.35(1)	
A_3	2.45	4.75	5.15		
A_4	0.80	1.35	1.75		

表 7.5 最小信息熵方法离散化 iris 数据结果

属性	断 点		
A_1	5.55	5.85	6.15
A_2	2.95	3.05	3.35
A_3	2.45	4.75	5.15
A_4	0.80	1.35	1.75

由表 7.4 和表 7.5 可以看出,两种算法在 A_3 和 A_4 属性上获得的断点一样,在 A_1 和 A_2 上不同。通过对实际数据分析发现,最小信息熵方法的结果更符合实际,即如果某个区间数据的决策熵越大(决策分布越均匀),值熵越小(值分布越混乱),样本数目越多,该区间就应该进一步分割。

7.3.3 属性约简

基于 Rough Set 理论的知识获取,主要是对原始决策表的约简,在保持决策表决策属性和条件属性之间的依赖关系不发生变化的前提下对决策表进行约简,这包括属性约简和值约简。

来自于实际系统的信息量常含有不确定性、随机性及模糊性。众所周知,所有的信息并不是等同重要的,有些甚至是冗余的。特别是当信息系统是随机采集的时候,其冗余性更为普遍。因此,去除冗余信息,获得更为简便的决策规则,就成为粗糙集理论中的基本问题之一。这就是粗糙集中的属性约简。

目前,关于粗糙集的属性约简问题已有不少研究,现已证明求取粗糙集中的全部最小约简过程是 NP – Hard 问题。如何得到一种最佳的求取属性约简的方法,是至今为止许多科学家仍在研究探讨的关键问题。常见属性约简算法如图 7.16 所示。

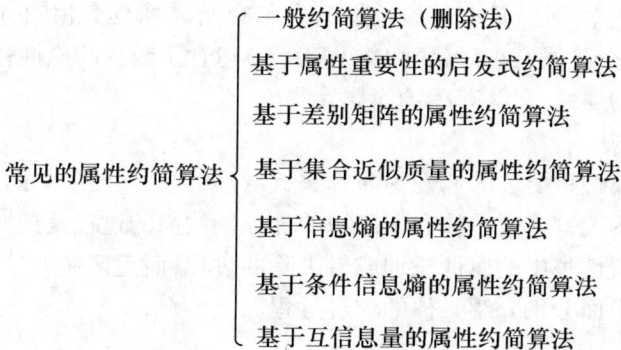

常见的属性约简算法 {
一般约简算法(删除法)
基于属性重要性的启发式约简算法
基于差别矩阵的属性约简算法
基于集合近似质量的属性约简算法
基于信息熵的属性约简算法
基于条件信息熵的属性约简算法
基于互信息量的属性约简算法
}

图 7.16 常见属性约简算法

设计实现属性约简模块,采用的是基于属性重要度的启发式约简算法。该算法以决策表的相对核为起点,依照属性的重要度大小,将其加入到约简集合中;然后,再依次去除每个多余的属性,最终获得约简属性集。

1. 算法描述

启发式约简算法:

输入:(1) 决策表 DT;

(2) 属性的核 CORE(CORE 可能为空);

(3) 用户特别关注的集合 Custom。

输出:约简集合 RED(U)。

算法步骤如下:

(1) RED(U) = RED(U) ∪ Custom;

(2) $C' = C - $ RED(U);

(3) 计算 C' 中每个属性的属性重要度,根据属性重要度将属性排序;

(4) While($\gamma_{\text{RED}(U)}(D) \neq \gamma_C(D)$) do

{在 C' 中选择最重要的属性 a_j(若同时有多个属性达到最大值,则从中选择一个与 B 的属性值组合最少的属性);

RED(U) = RED(U) + $\{a_j\}$,$C' = C' - \{a_j\}$;

计算 $\gamma_{\text{RED}(U)}(D)$;

}

(5) $M = |$RED(U)$|$;

(6) For $i = 0$ to $M - 1$ do

    {If(a_i isnotin CORE) Then

    {RED(U) = RED(U) $- \{a_i\}$;

    计算 $\gamma_{\text{RED}(U)}(D)$;

    If($\gamma_{\text{RED}(U)}(D) \neq \gamma_C(D)$) Then RED($U$) = RED($U$) + $\{a_i\}$)}

算法分为两个阶段:第一阶段选择产生与初始属性具有相同分辨能力的较小的属性集;在这个阶段结束时,属性集 RED(U)包含了较少的属性;第二阶段,反向去除约简以外的属性,最终获得约简属性集。

2. 算法实现

结合基于属性重要度的属性约简算法,设计属性约简流程如图 7.17 所示。

算法实现的关键是属性核和正区域的计算。约简的过程是按照正区域是否发生变化来对核属性集中的属性添加或者去除的过程;而正区域的计算,首先就是等价类的计算。下面分别介绍具体的求解过程。

1) 等价类

等价类是粗糙集的理论基础。等价关系将信息系统中的对象分为多个等价类,等价类中的对象在各个属性上的取值均相同。等价类的求解流程如图 7.18 所示。

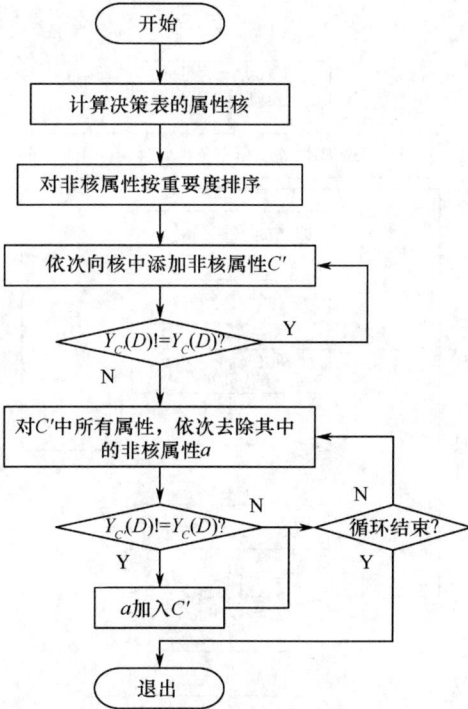

图 7.17　基于属性重要度的
属性约简算法流程

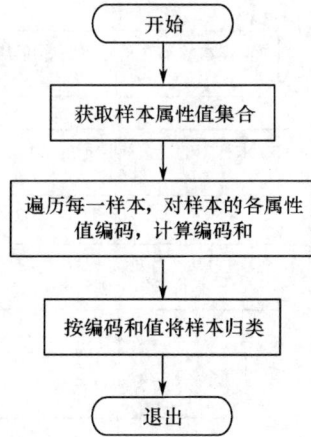

图 7.18　计算等价类流程

其中,对样本属性值的编码采用的是取幂方式。例如,对样本的第 i 个属性,若其属性值为 v,则编码为 $10^i \times v$。

2）正区域

决策属性在条件属性下的正区域为 $\mathrm{POS}_C(D)$,它表明了根据知识 C 所进行的划分 U/C,能够确切地划入 U/D 类的对象集合。求解正域流程如图 7.19 所示。

3）属性核

属性约简是指关系的最小不可省略子集,而属性的核则是指最重要的关系。属性核是条件属性中所有不可省略属性的集合,是所有属性约简集的交集。求解属性核的流程如图 7.20 所示。

3. 算法应用

某型发动机地面加力数据见表 7.6 所列,其中:T_1 为进口总温;N_1 为低压转子转速;N_2 为高压转子转速;Φ_{PC} 为尾喷口指示值;P_M 为滑油压力;B 为发动机机匣振动值;Y 为发动机状态。所有数据均已离散化,且 Y 为 1 表示发动机故障,为 0 表示发动机正常。

利用属性约简算法对表 7.6 中数据处理得到约简属性集为 $\{N_2\}$。发动机数据属性约简后结果见表 7.7。

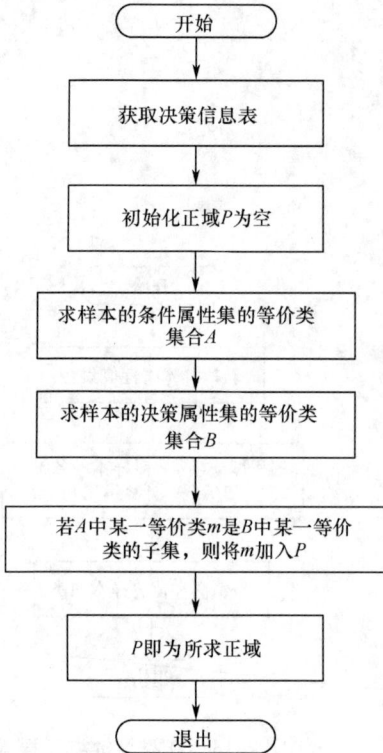

图 7.19　求解正域流程　　　　图 7.20　求解属性核的流程

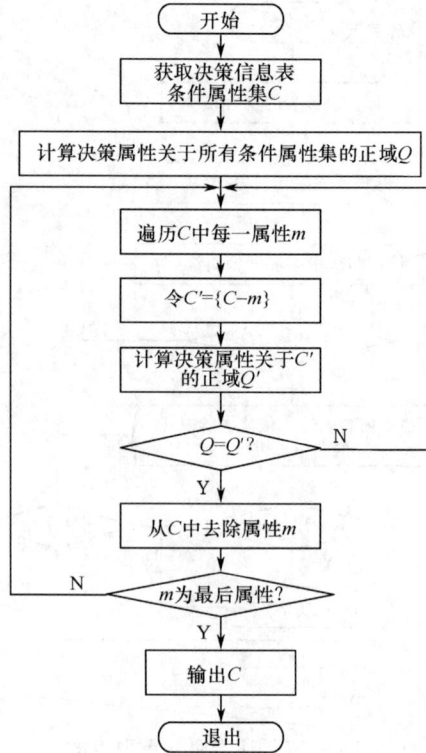

表 7.6　某机型地面定检加力状态下发动机数据

U	T_1	N_1	N_2	Φ_{PC}	P_M	B	Y
1	0	1	1	2	2	2	1
2	3	3	3	2	2	2	1
3	2	2	2	1	1	1	0
4	3	0	0	2	0	2	1
5	1	2	2	1	1	0	0
6	3	1	1	2	2	2	1
7	2	1	1	0	0	2	1

表 7.7　发动机数据属性约简结果

U	N_2	Y	U	N_2	Y
1	1	1	5	2	0
2	3	1	6	1	1
3	2	0	7	1	1
4	0	1			

可以看出,原来需要 7 个属性才能表征的逻辑关系经过属性约简后仅仅需要 2 个属性即可表达。

7.3.4　属性值约简

值约简是在属性约简的基础上对决策表的进一步简化。通过属性约简,可以将决策表中对决策分类不必要的属性省略,从而实现决策表的简化,这有利于分析发现对决策分类起作用的属性。属性约简只是在一定程度上去掉了决策表中的冗余属性,但还没有充分去掉决策表中的冗余信息。例如,对于如下的属性约简结果,如果在 Outlook = Sunny ∧ Temperature = Hot 下,决策属性的取值肯定是 N,而无需考虑条件属性 Windy 的取值是 True 还是 False。显然,这个属性约简结果对于决策分类来说仍包含冗余信息。从中得到的规则不是最简规则,还需要对决策表进一步处理,以得到更加简化的决策表。常见的值约简算法如图 7.21 所示。

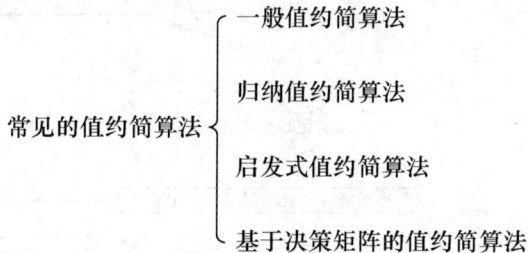

一般值约简算法

归纳值约简算法

常见的值约简算法

启发式值约简算法

基于决策矩阵的值约简算法

图 7.21　常见的值约简算法

设计实现值约简功能模块时,采用了基于可辨识矩阵的改进值约简算法。该值约简算法得到的新信息表,所有属性值均为该表的核值,且所有记录均为该信息表的规则,为规则的转化提供了便利。

1. 算法描述

改进后的值约简算法步骤如下:

(1) 对信息表中条件属性进行逐列考察。除去该列后,若产生冲突记录,则保留冲突记录的原该属性值;若未产生冲突但含有重复记录,则将重复记录的该属性值标为" ∗ ",对其他记录将该属性值标为"?"。

(2) 删除可能产生的重复记录。考察每条含有标记"?"的记录。若仅由被标记的属性值即可判断出决策,则将"?"标记为" ∗ ",否则,修改为原属性值;若某条记录的所有属性值均被标记,则将标有"?"的属性项修改为原属性值。

(3) 删除所有条件属性均被标为" ∗ "的记录及可能产生的重复记录。

(4) 如果两条记录仅有一个条件属性值不同,且其中一条记录该属性被标为" ∗ ",那么,对该记录如果可由未被标记的属性值判断出决策,则删除另外一条记录;否则删除本记录。

经过约简之后得到的新信息表,所有属性值均为该表的核值,所有记录均为该信息表的规则。

基于可辨识矩阵的改进值约简算法的流程如图 7.22 所示。

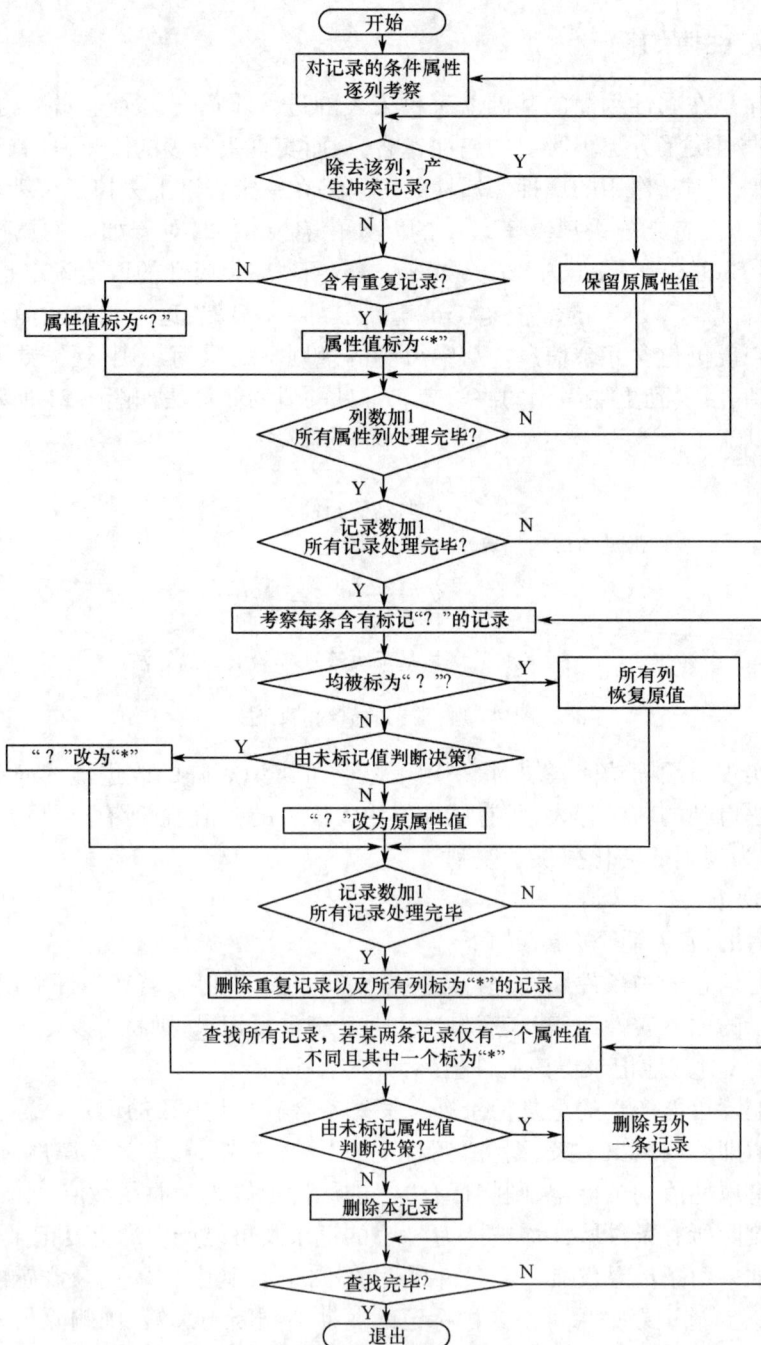

图 7.22　基于可辨识矩阵的改进值约简算法的流程

2. 算法应用

利用值约简算法，对表 7.7 数据处理可得表 7.8。

表 7.8　发动机数据属性值约简结果

U	N_2	Y	U	N_2	Y
1	0	1	3	2	0
2	1	1	4	3	1

由约简结果可以看出，原来需要 7 个样本、7 个属性才能表征的信息，现在只需 4 个样本、2 个属性就能表达，这在实际工程应用中意义尤为重大。

7.3.5　实验结果分析

下面以 iris 数据为例验证所建模型获取知识的过程。iris 数据总共有 150 个样本，每个样本含有 4 个条件属性（花瓣长度、花瓣宽度、萼片长度和萼片宽度）、1 个类别属性。整个样本集分为 3 类，且每一类样本均由 50 个样本组成。iris 数据样本如图 7.23 所示。

萼片长度	萼片宽度	花瓣长度	花瓣宽度	类别
5.9	3	5.1	1.8	3
6.2	3.4	5.4	2.3	3
6.5	3	5.2	2	3
6.3	2.5	5	1.9	3
6.7	3	5.2	2.3	3
6.7	3.3	5.7	2.5	3
6.8	3.2	5.9	2.3	3
5.8	2.7	5.1	1.9	3
6.9	3.1	5.1	2.3	3
6.7	3.1	5.6	2.4	3
6.9	3.1	5.4	2.1	3
6	3	4.8	1.8	3
6.4	3.1	5.5	1.8	3
6.3	3.4	5.6	2.4	3
7.7	3	6.1	2.3	3

图 7.23　iris 数据样本

首先，由于 iris 数据的各个条件属性取值都是连续型值，故首先进行离散化处理，按照设计的算法流程处理结果如图 7.24 所示。

SAMPLE_iris离散化后的数据如下：

萼片长度	萼片宽度	花瓣长度	花瓣宽度	类别
1	4	0	0	1
1	3	0	0	1
0	3	0	0	1
0	3	0	0	1
1	4	0	0	1
1	4	0	0	1
0	4	0	0	1
1	4	0	0	1
0	2	0	0	1
1	3	0	0	1
1	4	0	0	1
0	4	0	0	1
0	3	0	0	1
0	3	0	0	1

图 7.24　iris 数据离散化处理结果

离散化后样本集的样本个数不会发生变化,还保持 150 个样本,发生变化的只是样本的条件属性值。由于在离散化过程中可能会带来重复样本以及冲突样本,所以需要进行相容化处理,即去除样本集中的不一致样本。相容化处理后的结果如图 7.25 所示,此时样本集数目减少为 49 个。

```
相容化处理后的决策表如下:
萼片长度 萼片宽度 花瓣长度 花瓣宽度 类别
  1      4        0        0      1
  1      3        0        0      1
  0      3        0        0      1
  0      4        0        0      1
  0      2        0        0      1
  3      4        0        0      1
  2      4        0        0      1
  0      0        0        0      1
  4      3        2        2      2
  4      3        3        2      2
  2      0        1        1      2
  4      1        2        1      2
  3      1        2        1      2
  1      0        1        1      2
```

图 7.25　iris 数据相容化处理结果

其次对结果集进行属性约简以及值约简,约简结果集如图 7.26 和图 7.27 所示。

```
属性约简后的决策表如下:
萼片长度 萼片宽度 花瓣长度 花瓣宽度 类别
  1      4        0        0      1
  1      3        0        0      1
  0      3        0        0      1
  0      4        0        0      1
  3      4        0        0      1
  2      4        0        0      1
  0      0        0        0      1
  4      3        2        2      2
  4      3        3        2      2
  2      1        2        2      2
  4      1        2        2      2
  3      1        2        2      2
  1      0        1        2      2
```

图 7.26　iris 数据属性约简结果

```
属性值约简后的决策表如下:
萼片长度 萼片宽度 花瓣长度 花瓣宽度 类别
  *      *        0        0      1
  4      *        *        1      2
  3      1        *        1      2
  *      *        1        *      2
  3      3        *        2      2
  *      1        3        2      2
  *      *        2        2      2
  *      1        *        3      3
  1      1        4        *      3
  4      *        *        3      3
  *      0        3        *      3
  5      3        4        *      3
```

图 7.27　iris 数据值约简结果

由图 7.27 可以看出,原来的 iris 数据每一类都需要 50 个样本数据来表达,经过约简处理以后,只需要 14 个样本就可以涵盖原来 150 个样本所包含的信息,大大缩短了样本识别的过程。由此导出的分类规则如图 7.28 所示。

规则序号	规则前提	规则结论
1	花瓣长度 = 0 and 花瓣宽度 = 0	类别 = 1
2	萼片长度 = 4 and 花瓣宽度 = 2	类别 = 2
3	萼片长度 = 3 and 萼片宽度 = 1 and 花瓣宽度 = 1	类别 = 2
4	花瓣长度 = 1	类别 = 2
5	萼片长度 = 3 and 花瓣长度 = 2 and 花瓣宽度 = 2	类别 = 2
6	萼片长度 = 3 and 萼片宽度 = 3	类别 = 2
7	萼片宽度 = 1 and 花瓣长度 = 3	类别 = 2
8	萼片宽度 = 3 and 花瓣长度 = 2 and 花瓣宽度 = 2	类别 = 2
9	萼片宽度 = 1 and 花瓣长度 = 3	类别 = 3
10	花瓣长度 = 4	类别 = 3
11	萼片长度 = 1 and 萼片宽度 = 1 and 花瓣长度 = 2	类别 = 3
12	萼片长度 = 4 and 花瓣长度 = 3	类别 = 3
13	萼片长度 = 3 and 花瓣宽度 = 0 and 花瓣长度 = 3 and 花瓣宽度 = 2	类别 = 3
14	萼片长度 = 5 and 萼片宽度 = 3 and 花瓣长度 = 4	类别 = 3

图 7.28　iris 数据约简后得到的规则

可以看出,原来需要 150 个样本表示的知识集合,现在只需要 14 条规则就可以代替了。经过粗糙集的属性约简以及值约简,简化了数据集合,去除了冗余,得到的规则十分简练。

7.4　基于粗糙集的增量式学习模型

7.4.1　概述

算法研究一直是粗糙集理论中各种研究的核心内容之一。目前,关于粗糙集理论的算法研究中,绝大多数是针对静态数据库的。然而在现实中,数据库总是在动态变化,特别是数据记录不断地增加、删除和修改时,会造成数据库中产生的新对象与已有的规则发生矛盾和冲突。另外,数据库的规模不断增大,大型数据库每次修改后需要重新运行知识发现中的数据挖掘算法来获取知识显然不是高效的办法。因此,对大型数据库而言,增量式学习系统研究的重要性就显而易见了。

本节设计了一个增量式学习模型,能够依据历史决策表信息对新案例进行识别,针对案例的不同情况对规则库进行更新。实验结果表明,其性能在大多数情况下优于传统算法。

7.4.2　增量式学习模型

在深入研究增量式学习理论的基础上,本节建立了一个基于粗糙集的增量式学习模型,相关概念算法参照参考文献[42]。该模型能够对新增样本进行有效识别,获取新规则。尤其是当新样本与规则库匹配时,可大大提高学习效率。模型的建立过程(图 7.29)如下:

(1) 输入新案例数据 x。

(2) 由于案例匹配分类算法是针对于离散型值的,所以这里需要一个预处理

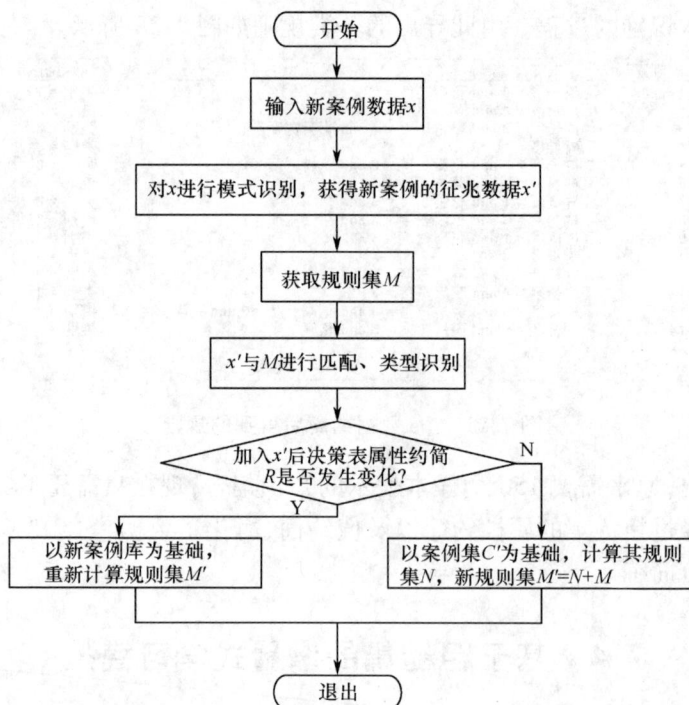

图 7.29　基于粗糙集的增量式学习模型工作流程

过程,将新案例数据离散化,即征兆匹配。征兆匹配的机理是:对新案例数据,依据其属性名称以及属性值,在故障事实表中对应的记录中查询、匹配,解析新案例数据所对应的征兆数据 x'。

（3）将 x' 与规则集 M 匹配、分类,得出 x' 所属类别,是类完全矛盾、类匹配还是类部分矛盾。

（4）依据新案例的类别信息,计算新案例加入后的决策表属性约简 R 是否发生变化。

（5）如果 R 发生变化,则需要重新计算新决策表的属性约简、值约简,以获得加入新案例后的决策规则集 M';否则,按照算法推导的结论,提取原决策表中与新案例 x' 矛盾的案例组成一个新的子案例集合 C',然后约简 C',得到新的规则子集 N,此时,$M' = N + M$。

基于粗糙集理论的增量式学习模型的建立过程中的关键步骤为征兆获取、案例匹配识别以及求解规则集。下面对这三步分别进行阐述:

1. 征兆获取

征兆获取是该算法得以进行的第一步,这是因为算法建立的基础是离散型值的决策表,而实际获得的新案例数据往往都是连续型值,故此首先要预处理。

需要明确指出的是,这里的征兆获取和传统意义上的征兆获取既有联系也有区别。联系在于:其输入都是原始属性值;输出均为征兆属性值。区别是:获取征兆的依据已经存在,即前述属性离散化的结果值,包括离散化值以及离散化的区间左右端点值;而一般意义上的征兆获取是采用一定的技术,挖掘、判断隐含在大量原始数据中的信息,并以一定的语义形式来表达。可以看出,算法中的征兆获取只是一种简单意义上的"征兆获取"。

此处依据的是经由原始决策信息表离散化后生成的新的故障事实,这些故障事实已经储存到故障事实表中。为了不丢失离散化信息,设计故障事实表的各个字段见表7.29所列。

表7.9 故障事实表字段设计

字 段 名 称	类 型	含 义
FactID	char	故障事实 ID
FactDescription	varchar	故障事实语义描述
FactCF	double	故障事实发生概率
LeftValue	double	属性左值
RightValue	double	属性右值

这样,离散化后的断点、区间值信息就整合到故障事实当中。将征兆取值为离散化值。增量式学习的征兆获取流程如图7.30所示。

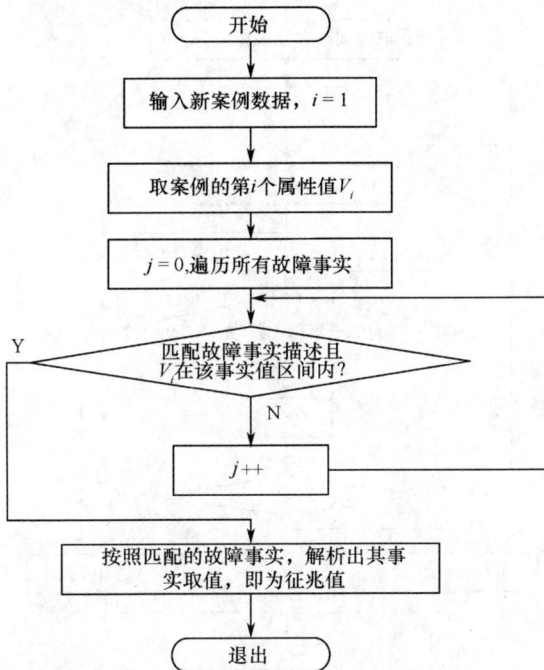

图7.30 增量式学习的征兆获取流程

2. 案例匹配识别

案例匹配识别即按照增量学习算法,对新案例数据的类别归属进行判别以及判断新案例加入后是否会引起决策表的属性约简变化。

1)案例类别归属判定

增量式学习算法将案例按照其与规则集的关系分为:x 与 M 完全新、x 与 M 匹配、x 与 M 部分矛盾、x 与 M 类完全矛盾。这里 x 代表新案例,M 表示规则集。

判定案例类别属性的基本原理是一致的,按照前面的算法约定,根据新案例各个属性取值,在所有规则中匹配,得出其类别归属。下面以判别 x 与 M 匹配的流程来说明具体实现过程,其他类别判定类似,不再详述。

x 与 M 匹配的特征是:由 x 的条件属性取值,能够推出规则的前提,且 x 的决策属性取值与规则的结论相同。用决策逻辑语言表示为:如果存在一条规则 $\theta \to \Psi \in M$,使得 $\theta_x \to \theta$ 且 $\Psi_x \equiv \Psi$,则称 x 匹配 M。

增量式学习的判断案例 x 与规则集 M 匹配的流程如图 7.31 所示。

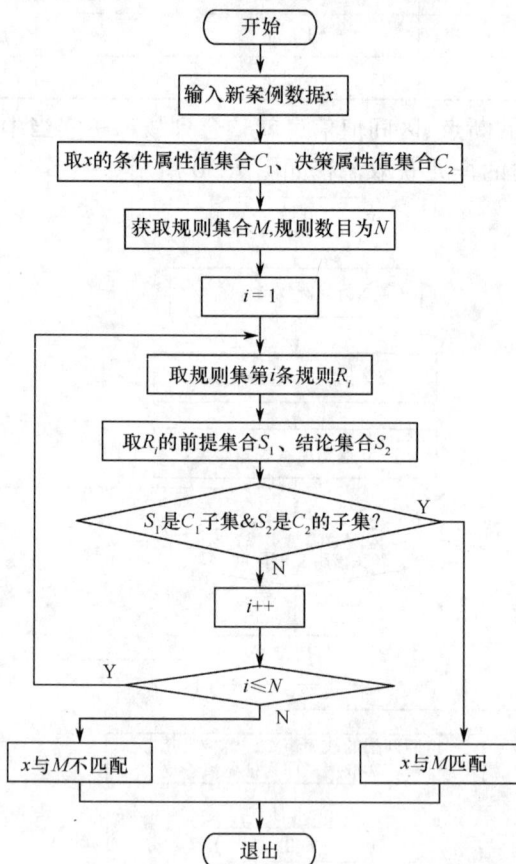

图 7.31　增量式学习的判断案例 x 与规则集 M 匹配的流程

2）约简变化判定

约简变化判定即判断新案例加入后对原决策表的属性约简结果的影响,查看约简属性集合是否发生变化。按照算法思想,其实现过程是:首先对新案例数据按照属性约简集进行约简,获取约简后的案例数据 x;然后 x 与原约简案例库中的所有案例匹对,若发现不一致的情况,即 x 的属性取值在案例库中没有出现过,此时即认为约简 R 发生变化;否则 R 不变。增量式学习的判断约简 R 是否变化的流程如图 7.32 所示。

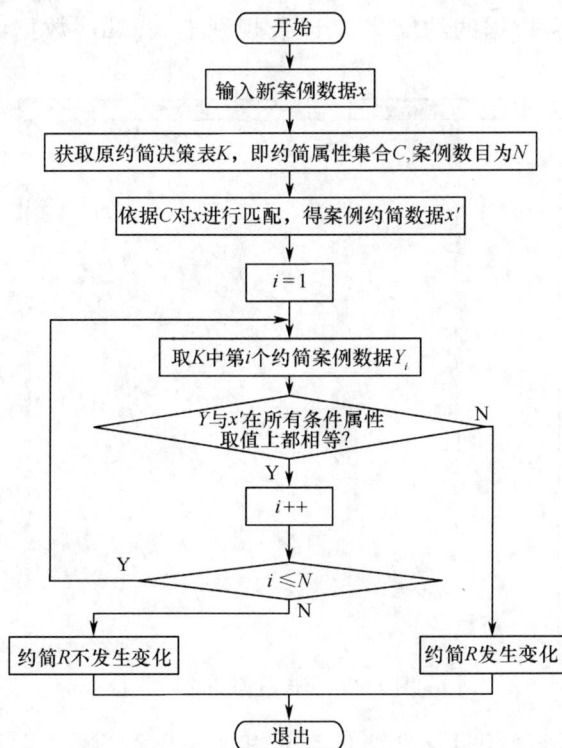

图 7.32　增量式学习的判断约简 R 是否变化流程

3. 求解规则集

规则集的求解依照上述约简 R 的变化与否分以下两种情况:

（1）当 R 发生变化时,需要重新计算所有案例集合,重新生成新的规则集;

（2）当 R 不变时,只需计算部分案例的导出规则。

这两种情况的处理过程是完全相同的,即建立决策表,决策表离散化、相容化处理,再加以属性约简和值约简,最终获得规则集。详细过程可参照基于粗糙集的知识获取模型,此处不再叙述。

关于第二种情形,部分案例的集合 C_x 中的元素由以下案例组成:

（1）与新案例 x 发生矛盾的案例,即该案例的条件属性取值和 x 的条件属性取值完全一致,而决策属性取值却不同。

（2）案例 x。

以 C_x 为一新的决策信息表进行约简,得出新的规则集合 R',R' 与 M 组合成 M' 即为新获得的规则集。这也是增量式学习算法的改进之处。

7.4.3 实验结果分析

同样,本节也以 iris 数据为例验证此增量学习模型。首先,根据前述知识获取模型,已经建立 iris 数据的约简集 R 以及规则集 M。iris 数据约简后如图 7.33 所示。

萼片长度	萼片宽度	花瓣长度	花瓣宽度	类别
1	4	0	0	1
1	3	0	0	1
0	3	0	0	1
0	4	0	0	1
0	4	0	0	1
3	4	0	0	1
2	4	0	0	1
0	0	0	0	1
4	3	2	2	2
4	3	3	2	2
2	0	1	1	2
4	1	2	2	2
3	1	2	2	2
1	0	1	1	2
4	2	2	2	2
1	1	2	2	2
3	3	2	2	2
3	0	1	1	2
3	2	2	2	2
3	2	1	1	2
4	3	1	2	2
3	1	1	2	2
4	0	2	2	2
3	3	3	3	2
4	1	3	3	2
4	2	1	1	2
3	1	3	2	2
1	3	2	2	2

图 7.33　iris 数据约简后

分别以新样本 $x(5.0,4.2,2.2,0.5,1)$ 和 $y(4.9,3,1.4,0.2,2)$ 进行测试。x、y 的征兆值分别为 $(1,4,0,0,1)$ 和 $(1,3,0,0,2)$。经分析可知:x 的类别属于匹配,无需计算;而 y 属于完全矛盾,需要重新计算所有规则。

对新样本 x 的处理结果如图 7.34 所示。

对新样本 y 的处理结果如图 7.35 所示。

这说明,当案例集合规模比较大时,如果新加入的案例与原约简集匹配,则无需重新计算所有规则,可以大大节省学习时间。

本章以粗糙集理论作为知识获取技术,建立了基于粗糙集的知识获取模型。该模型通过连续属性离散化、属性约简、属性值约简等步骤,实现了从原始案例中自动提取诊断规则。并以 iris 数据为例,从中提取分类知识,验证了模型的有效性。该模型实现了专家系统的自动知识获取,与第 6 章的基于故障树的半自动知识获取相结合,为专家系统的知识库的建立提供了有利的支撑。此外,本章还建立

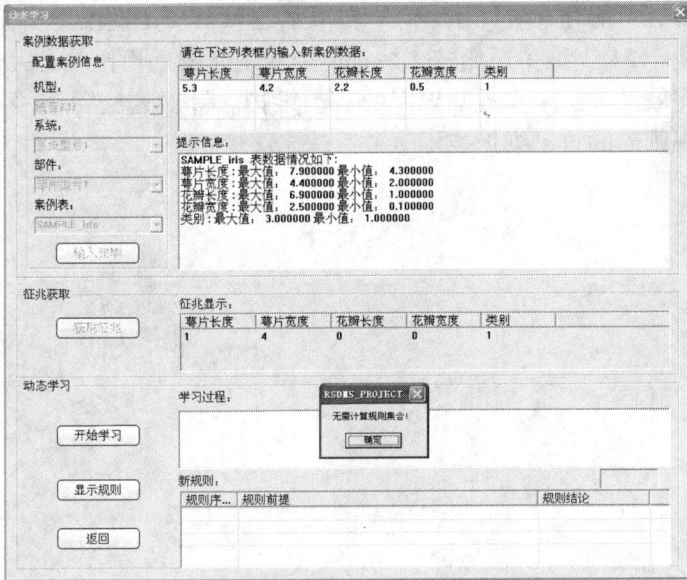

图 7.34　对新样本 x 的处理结果

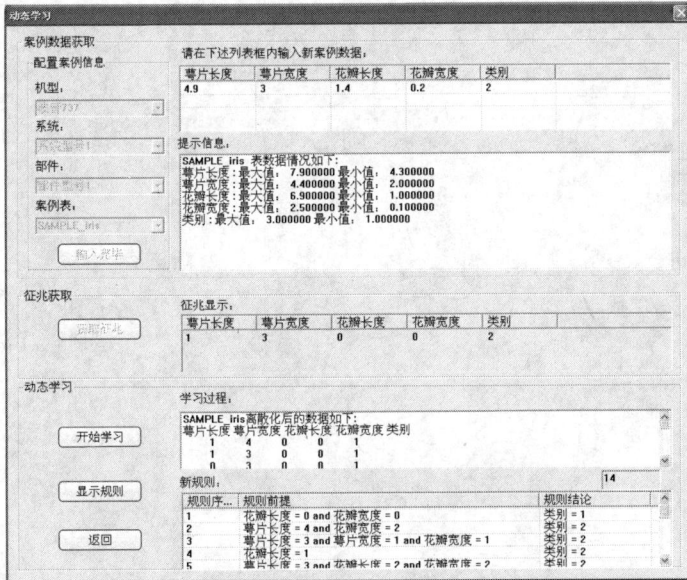

图 7.35　对新样本 y 的处理结果

了一个基于粗糙集的增量学习模型,该模型为新案例加入获取新知识提供了一种新思路,在大多数情况下可以加快获取知识的速度。

利用粗糙集实现知识自动获取,可以弥补专家系统知识库不足的现状。知识获取构建了专家系统的基础——知识库。但随着知识库中知识数量的增加,大量的规则之间很有可能存在着冗余、矛盾等问题,这就需要定期维护知识库。如果知识库的规模较小,人工维护还比较容易。但当知识库的规模比较庞大时,就必须研究一种切实有效的方法来实现知识库的自动维护。针对这些问题,第8章将研究专家系统中规则库的自动维护技术。

第8章 规则库维护技术

飞机故障诊断专家系统的知识实际上是一种经验和规律的总结,其知识库是不完备的,在使用过程中不断地加入新知识。这样,随着专家系统的知识库规模的扩大,规则的数量不断增加,就可能存在着规则之间的冗余、矛盾等问题。如果不及时改进这些不一致的规则,势必会影响到专家系统的诊断过程,降低专家系统的性能。

本章研究规则库规模增大而引发的维护问题。基于文字集闭包和规则蕴涵的理论,设计实现了规则库的自动维护模型。该模型能够对规则库进行冗余规则和循环规则校验,并将校验结果提供给专家,供专家判决处理。

8.1 概　述

在专家系统建立的初期,由于规则库规模较小、规则数目少,用人工方法就可以对规则库进行维护。但在专家系统的运行过程中,又有许多新的规则不断加入规则库,使得规则库中的规则越来越多,内容越来越复杂。在这种情况下,规则库的维护显得就尤为重要。人工维护方法具有以下弊端:

(1) 由于各种客观因素的影响,常会发生输入不完全或输入有误等现象,这种错误的潜伏性较大,易造成不必要的损害。

(2) 由于人的智力和思考范围有限,很难做到知识的一致性,从而造成知识库结构不良,导致系统操作时发生危机。

(3) 要求修改知识库的人员必须了解这个系统,掌握大量的专家知识,能够正确使用语言进行编程。

(4) 系统开发周期长,人力消耗大。

基于以上原因,开发了一个独立的规则库维护模块,以便自动检查规则库的规则,确保规则的一致性和完整性。

规则库维护模块的功能设计如下:

(1) 对规则库进行一致性校验,识别出其中存在的冗余规则、循环规则、矛盾规则以及死规则等。

(2) 支持对冗余规则自动删除与恢复。

8.2 相关理论及算法

1. 规则的不一致性表现

规则的不一致性主要表现为冗余规则、矛盾规则和循环规则等。其具体表现形式如下：

1）冗余规则

当一条规则可以由另外的规则表示或推理时，这条规则称为冗余规则。冗余规则会降低系统的效率，造成知识库不必要的增大，使推理时间延长，同时使知识库的维护难度加大，因此要尽量减少冗余规则。冗余规则主要包括以下几种情况：

（1）等价的冗余规则：一条规则的条件与结论和另一条规则的条件与结论完全等价。例如：

R_1 : if fly = true and layegg = true then animal = bird

R_2 : if layegg = true and fly = true then animal = bird

这时应删除其中的任意一条规则。

（2）包含的冗余规则：一条规则的条件（结论）包含另一条规则的条件（结论）。

（3）"与"条件包含的冗余规则：一条规则"与"条件的约束包含另一条规则"与"条件的约束，但它们的结论是相同的。例如：

R_1 : if fly = true and layegg = true then animal = bird

R_2 : if layegg = true then animal = bird

在这种情况下，应删除规则 R_1。

（4）"或"条件包含的冗余规则：一条规则"或"条件的约束包含另一条规则"或"条件的约束，但它们的结论是相同的。例如：

R_1 : if fly = true or layegg = true then animal = bird

R_2 : if layegg = true animal = bird

在这种情况下，一般应删除规则 R_2。

（5）"与"结果包含的冗余规则：两条规则的条件是相同的，但是其中一条规则的结果"与"条件个数多于另一规则的结果"与"条件个数。例如：

R_1 : if a then b and c and d

R_2 : if a then b and c

在这种情况下，应删除规则 R_2。

（6）"或"结果包含的冗余规则：两条规则的条件数是相等的，但是其中一条规则的结果"或"条件多于另一条规则的结果"或"条件个数。例如：

R_1 : if a then b or c or d

R_2 : if a then b or c

在这种情况下,一般删除 R_2。

2）矛盾规则

当某一规则的结论与前提相反时,或者两条规则的前提相同但是结论相反时,称该规则是矛盾的规则。对于矛盾的规则,系统维护时,有些情况只能把相互矛盾的两条或者几条规则检测出来,但不能自动决定删除哪一条规则,必须通过人机交互由领域专家仔细斟酌衡量进行删除。主要有如下几种情形:

（1）自相矛盾:从某一前提直接推导出相反的结论。例如:

R_1 : if old = true then old！ = true

（2）相互矛盾:两条规则的条件相同,但结果相反。例如:

R_1 : if fly = true then animal = bird

R_2 : if fly = true then animal！ = bird

（3）传递自相矛盾:从某一前提经过某一推理链推导出相反的结论。例如:

R_1 : if a then b

R_2 : if b then NOT a

（4）传递矛盾:两条规则的条件相同,但经过某推理链导出相反的结论。例如:

R_1 : if a then b

R_2 : if b then d

R_3 : if a then c

R_4 : if c then NOT d

推理链 R_1、R_2 和链 R_3、R_4 是矛盾推理链。检测出来后必须由领域专家或知识工程师决定对其中的两条规则删除。

3）循环规则

当某一规则的结论与前提相同时,或者某一规则链中的中间结果或最后结果与该规则的前提相同时,称为循环的规则。例如:

R_1 : if a then b

R_2 : if b then a

R_3 : if a then c

R_4 : if c then d

R_5 : if d then a

R_1 和 R_2 构成一条循环规则链,R_3、R_4 和 R_5 也构成一条循环规则链。

4）死规则

当某一规则的前提之间相反时,称为死规则。这种情况一般很少见。

2. 文字集闭包与规则蕴涵

规则库维护功能模块的实现是基于文字集闭包与规则蕴涵的方法。

1）文字集闭包

一个原子或者一个原子的否定称为一个文字,若干个文字的集合称为一个文字集。对于给定的文字集和规则库,通过推理可以得到一个以文字集为前提的结论集,这个结论集描述了文字集和规则库可能得到的所有结果,称为文字集关于规则库的闭包。

定义:（文字集 W 关于规则库 R 的闭包 $C_R(W)$）设 $W = \{p_1, p_2, \cdots, p_n\}$ 是一个文字的集合,R 是一个规则库,则闭包 C 定义如下:

（1）C 中包含 $p_1, p_2, \cdots, p_n$;

（2）若规则库 R 中存在规则 $q_1 \wedge q_2 \wedge \cdots \wedge q_m \rightarrow q$,且 $q_1, q_2, \cdots, q_m$ 都在 C 中,那么 C 包含 q。

所有由（1）和（2）生成的文字构成的集合称为文字集 W 关于规则库 R 的闭包,记作 $C_R(W)$。

定理:规则 r 是一个规则库 R 的蕴涵当且仅当由 r 的前提组成的文字集 P 关于规则库 R 的闭包 $C_R(W)$ 中包含 r 的结论。

证明:不妨假定 r 的形式为 $p_1 \wedge p_2 \wedge \cdots \wedge p_m \rightarrow q$,为了方便,记 $P = \{p_1, p_2, \cdots, p_m\}$。

（1）设 R 蕴涵 r,那么 r 能够从 R 中某些规则推导出来,即 $r \mid \in R+$,根据定义,$p_1, p_2, \cdots, p_m$ 包含在 $C_R(P)$ 中,所以 $q \in C_R(P)$。

（2）如果 $C_R(P)$ 包含 q,下面证明 $R \mid = r$。根据文字集闭包的定义,可以将文字集的闭包的构造过程做如下描述:

初始,令 $P_0 = \{p_1, p_2, \cdots, p_m\}$,如果不存在满足定义要求的规则,那么 $C_R(P) = P_0$;否则,存在若干规则满足要求,取其中的一条不妨设为 r_1,其结论为 q_1。由于 r_1 的前提均取自 P_0,故而 $P_0 \rightarrow q_1$ 可以根据 r_1 推出。令 $P_1 = P_0 \cup \{q_1\}$,则 $P_0 \rightarrow P_1$。对于 P_1 如果不存在满足定义要求的规则,那么 $C_R(P) = P_1$;否则,进行与 P_0 同样的过程,可以得到一条结论为 q_1 的规则 r_2,令 $P_2 = P_1 \cup \{q_2\}$,$P_1 \rightarrow P_2$。

如此下去,直到某个 P_k,使得 $C_R(P) = P_k$,且 $P_{k-1} \rightarrow P_k$,$P_k \rightarrow q_k$。因为论域是一个有限的集合,而 $C_R(P)$ 是这个集合的子集,这样的 P_k 一定能够得到。

因为 q 在 $C_R(P)$ 中,所以 q 或者是 $p_1, p_2, \cdots, p_m$ 中的一个,或者是 $q_1, q_2, \cdots, q_k$ 中的一个。对于第一种情形,结论是显然的。对于第二种情形,不妨设 $q = q_1$,则有 $P_0 \rightarrow P_1, P_1 \rightarrow P_2, \cdots, P_{l-1} \rightarrow P_1$,且 $P_1 \rightarrow q_1$,于是有 $P_0 \rightarrow q_1$,即 $P_0 \rightarrow q$。同时 $P_0 \rightarrow P_1$,$P_1 \rightarrow P_2, \cdots, P_{l-1} \rightarrow P_1$,且 $P_1 \rightarrow q_1$ 都在 R 闭包内,所以 $P_0 \rightarrow q$ 可以由 R 的闭包中的规则逻辑推出,即 $R \mid = r$。

该定理实际上提供了一个蕴涵冗余规则的判定算法。

2）规则蕴涵

规则 r 被一个规则库 R 蕴涵是指规则 r 可由规则库 R 中的规则推导出来,记作 $R| = r$。同时,如果一个规则库 S 中的所有规则都被规则库 R 所蕴涵,则称为规则库 R 蕴涵规则库 S,记作 $R| = S$。比如:$S = \{p \rightarrow w\}$,$R = \{p \rightarrow q, q \rightarrow w\}$,规则 $p \rightarrow w$ 可以由规则库 R 中的两条规则推出,因此 $R|p \rightarrow w$。同时,由于规则库 S 中只有一条规则 $p \rightarrow w$,所以 $R| = S$。

规则库 R 中的一条规则 r 可由规则库中的其他规则蕴涵,即 $R - r| = r$,此时规则库 R 的功能与去掉规则 r 后的 $R - r$ 功能完全相同,因为规则 r 的功能可以有 $R - r$ 中的其他一条或若干条规则取代。从功能的角度看,r 在规则库 R 中是多余的。r 称为规则库 R 的蕴涵规则冗余。这样的蕴涵规则冗余在过去的研究中被分为等价规则、传递规则、从属规则(又称前提包含规则)和复杂的蕴涵冗余。这些规则冗余是由规则蕴涵造成的。

3. 蕴涵冗余规则校验

蕴涵冗余规则校验算法由 3 个子算法组成:算法 1 计算规则库的最小覆盖;算法 2 用于检测一条规则在一个规则库中是否冗余;算法 3 旨在计算一个文字集的闭包。

算法 1:计算规则库的最小覆盖。

输入:规则库 $R = \{r_1, r_2, \cdots, r_n\}$。

输出:规则库 R 的最小覆盖。

(1) 取 $R_0 = R, i = 0$。

(2) 任取规则库 R 中的一条规则 r_i,用算法 2 判定 r 是否为规则库 $R_i - r$ 的冗余规则;若是冗余规则,则从 R_i 中去掉 r_i,令 $R = R - r_i$,重复步骤(2)直到规则库中没有冗余规则。

算法 2:判定规则冗余。

输入:规则 r,规则库 R

输出:r 是否是 R 的蕴涵冗余规则的真值。

步骤如下:

(1) 取规则 r 的前提文字集记作 P,结论文字集记作 q,由算法 3 计算文字集 P 关于规则库 R 的文字集闭包记作 C。

(2) 判断 q 是否属于文字集闭包 C,若属于则返回真值;否则,返回假。

算法 3:计算文字集闭包。

输入:文字集 W,规则库 R。

输出:文字集 W 关于规则库 R 的闭包 C。

(1) $i = 0, C_0 = W, R_0 = R$;

(2) 将 S 置空,判定 R_i 中每条规则 r 的前提文字是否在 C_i 中,若在则将规则 r

的结论放在 S 中,并将 C_i 取作 C_i 和 S 的并集。

(3) 判定 C_{i+1} 是否等于 C_i,若不等,将 i 增加 1 并重复步骤(2);否则 C_i 为求得的文字集关于规则库 R 的文字集闭包。

4. 循环规则校验

下面算法用于判定规则库中的循环规则链:

输入:规则库 $R = \{r_1, r_2, \cdots, r_n\}$ 及 R 中的一条规则 r_i。

输出:规则库 R 中是否存在包含规则 r_i 的规则链的真值,若真,输出规则链。

步骤如下:

(1) 取 R 中以 r_i 的前提或者前提的一部分作为前提的所有规则的结论构成一个文字集 W。

(2) 依次计算 W 关于 $R_j = \{r_1, r_2, \cdots, r_j\}$ 的闭包 $C_j(j = 1, 2, \cdots, i-1, i+1, \cdots, n)$,直到 C_j 包含了规则 r_i 所有前提或者 j 达到最大时停止计算。

(3) 如果某个 C_j 包含了 r_i 的所有前提,那么规则集 $R' = \{r_1, r_2, \cdots, r_j, r_i\}$ 中含有循环规则链。

(4) 从 $R' - r_i$ 中去掉一条规则,并计算文字集 W 关于去掉规则后的闭包。若闭包中依然含有包含 r_i 所有的前提,则将该规则从 R' 中去掉;否则,在 R' 中保留该规则。

(5) 对 $R' - r_i$ 所有规则,重复步骤(4)。

(6) 得到的规则集 R' 是空,输出假;否则输出真。R' 是包含 r_i 的规则链。

8.3　规则的循环校验及冗余校验

结合前述介绍的理论算法,规则库维护模块实现了规则的循环校验以及冗余校验。下面介绍其中的数据结构的设计以及算法的实现过程。

1. 规则结构体

专家系统中的规则是以产生式的形式存在的,即"IF a THEN b",每条规则在系统中都有一个唯一的标识,以及其前提事实集合和结论事实。故此,设计如下结构体来存储规则:

```
Struct MyRule
{
    CString RuleID;
    Set < CString >  preconditionList;
    Set < CString > conclusionList;
}
```

其中,RuleID 存储规则的唯一标识,集合型元素 preconditionList、conclusionList

中分别存储规则的前提集合以及结论。

2. 文字集闭包

依据前述理论,算法实现的一个关键是规则的前提文字集合关于规则库的文字集闭包,通过判断该文字集闭包中是否包含规则的结论文字,来断定该规则是否是规则库蕴含的冗余规则。文字集闭包的求解是规则库覆盖、循环校验以及冗余校验的基础。求解文字集闭包的工作流程如图 8.1 所示。

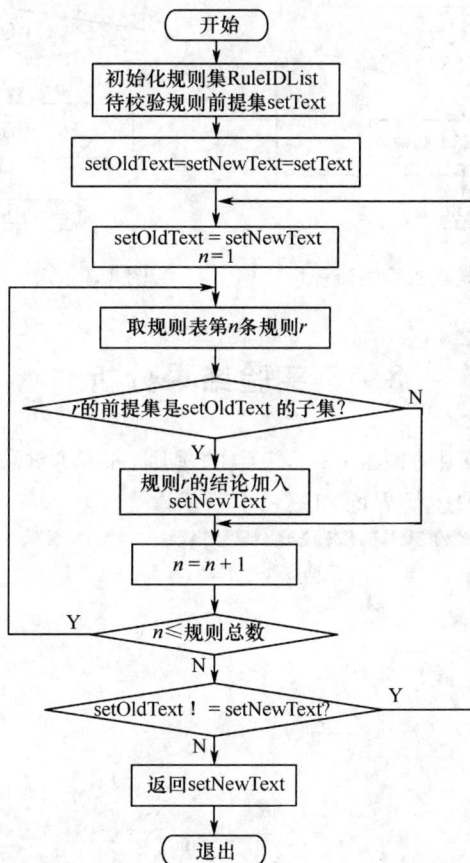

```
                    ┌─────────┐
                    │  开始   │
                    └─────────┘
                         │
          ┌──────────────────────────────┐
          │ 初始化规则集RuleIDList        │
          │ 待校验规则前提集setText        │
          └──────────────────────────────┘
                         │
          ┌──────────────────────────────┐
          │ setOldText=setNewText=setText │
          └──────────────────────────────┘
                         │
          ┌──────────────────────────────┐
          │ setOldText = setNewText       │
          │ n = 1                         │
          └──────────────────────────────┘
                         │
          ┌──────────────────────────────┐
          │ 取规则表第n条规则r            │
          └──────────────────────────────┘
                         │
          ◇ r的前提集是setOldText 的子集? ◇──N──┐
                         │Y                      │
          ┌──────────────────────────────┐       │
          │ 规则r的结论加入 setNewText    │       │
          └──────────────────────────────┘       │
                         │◄──────────────────────┘
          ┌──────────────────────────────┐
          │ n = n + 1                     │
          └──────────────────────────────┘
                         │
     Y──◇ n≤规则总数 ◇
                         │N
     Y──◇ setOldText ! = setNewText? ◇
                         │N
          ┌──────────────────────────────┐
          │ 返回setNewText                │
          └──────────────────────────────┘
                         │
                    ┌─────────┐
                    │  退出   │
                    └─────────┘
```

图 8.1　求解文字集闭包的工作流程

3. 循环规则校验

循环规则校验的流程如图 8.2 所示。

4. 冗余规则校验

冗余规则校验即查看规则库中是否存在冗余规则,判别依据是对每一条规则,判断其是否已经蕴含在规则库中。若该规则是规则库蕴含的冗余规则,则其为冗余规则;否则不是。冗余规则校验的流程如图 8.3 所示。

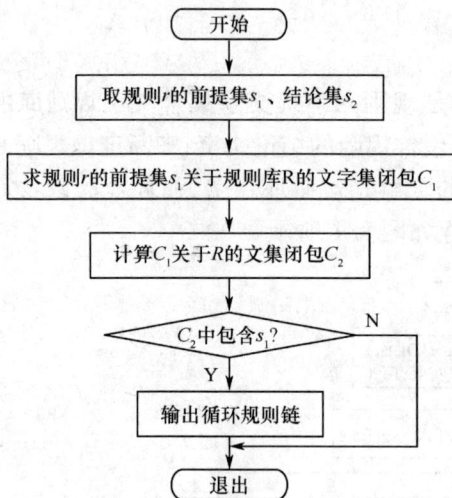

图 8.2　循环规则校验的流程　　　　图 8.3　冗余规则校验的流程

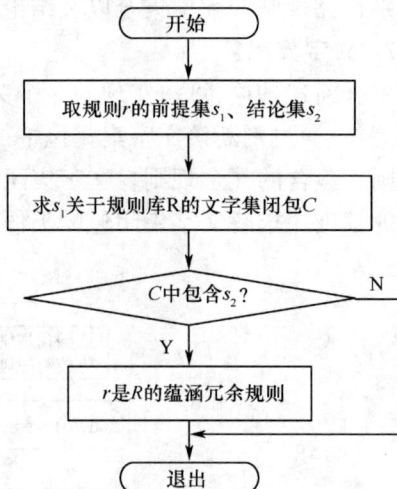

8.4　实验结果分析

下面人为向规则库中加入一些不一致的规则,来检验规则库自动维护模块的功能。规则库自动维护运行界面如图 8.4 所示。

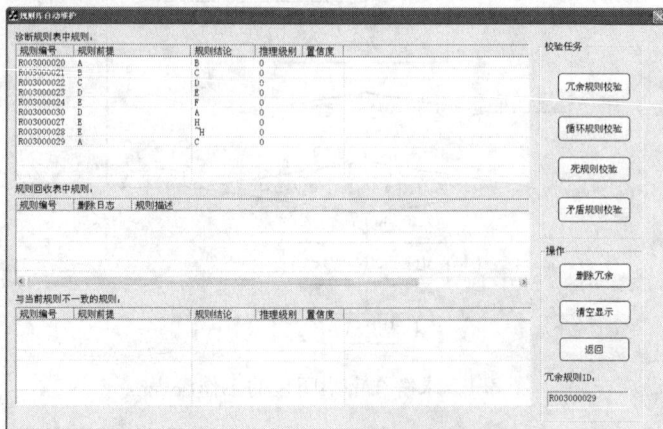

图 8.4　规则库自动维护运行界面

由图 8.4 可以看出,该规则库中存在冗余规则,如规则 R0030000020、R0030000021 和规则 R0030000029;矛盾规则 R0030000027 和 R0030000028;同时规则 R0030000020、R0030000021、R0030000022 和规则 R0030000030 构成了循环规则链。

首先进行冗余规则校验,校验结果如图 8.5 所示。

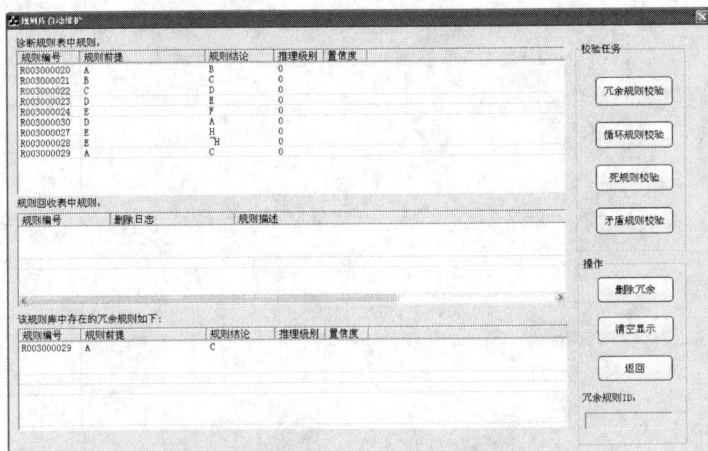

图 8.5　冗余规则校验运行界面

可以看出,系统检测出规则库中蕴含的冗余规则 R003000029。而且,如果执行删除冗余任务,系统会自动将冗余规则删除到规则回收表中,如图 8.6 所示。

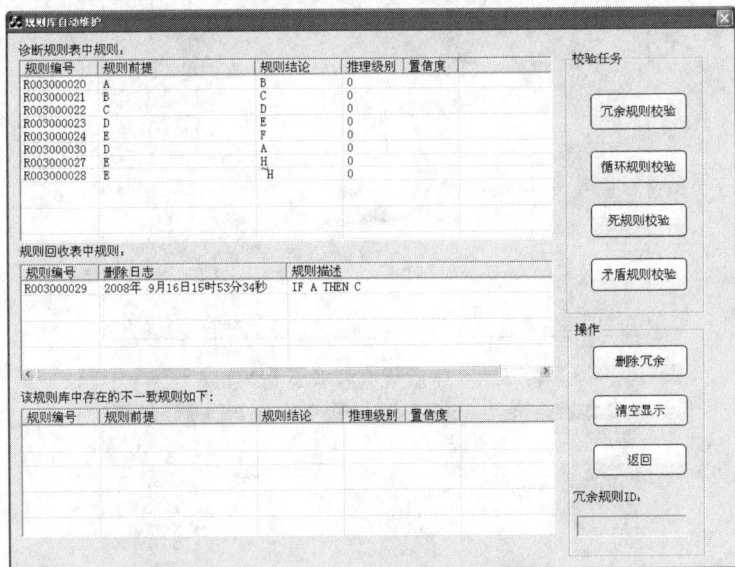

图 8.6　删除冗余规则运行界面

死规则以及矛盾规则的校验结果分别如图 8.7 和图 8.8 所示。其中,需要指出的是对于"H"表示事实"H"的反义。当前规则库中并不存在死规则。

对上述规则库循环校验的结果如图 8.9 所示。

由图 8.9 可见,系统检测出循环规则链,该规则链包含四条规则,即 R003000020、R003000021、R003000022 及 R003000030,它们组成了规则链 $A→B→C→D→A$,这将会使推理陷入无终止状态,需要经过领域专家斟酌以进行取舍。

123

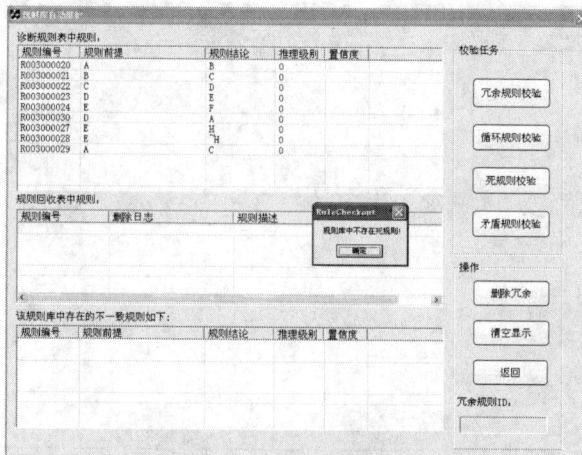

图 8.7　死规则校验运行界面

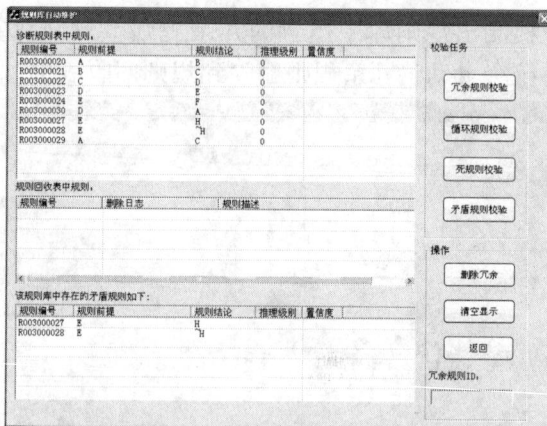

图 8.8　矛盾规则校验运行界面

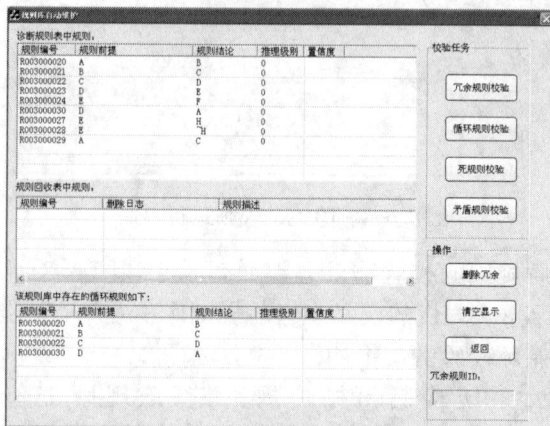

图 8.9　循环规则校验运行界面

　　对于冗余规则,程序提供自动删除功能,并可根据实际需要进行恢复。对于循环规则、矛盾规则、死规则等,系统将校验结果提供给专家,供专家判断以进一步的处理。

　　本章基于文字集闭包和规则蕴涵理论,建立了规则库自动维护模型。该模型能够对规则库中的冗余规则、循环规则、矛盾规则、死规则进行校验。最后,通过实际包含冗余的规则库对该模型进行了验证。至此,已对整个知识获取平台涉及的关键理论和算法以及实现过程做了详细介绍,包括基于故障树的知识获取、基于粗糙集的知识获取、增量学习和规则库自动维护。

第 9 章　相似性查询诊断技术

前面章节主要介绍了利用某个时刻的飞行数据进行故障诊断的技术,在飞机的故障诊断领域,有时需要利用某段时间内的数据进行故障诊断。因此,在本章主要研究采用时间序列相似性查询的技术利用某个时间段内的飞行数据进行故障诊断的技术。

9.1　相似性查询方法及主要技术点

随着近年来计算机技术尤其是数据挖掘技术的发展,基于飞行数据的分析和利用方法已经进入了更深层次的阶段。比如:利用数据挖掘中相似性查询和异常检测技术进行故障诊断,可以弥补传统故障诊断专家系统知识来源少、信息利用率低的缺点;使用聚类或者分类的方法,可以自动对飞行数据进行飞行阶段划分,便于后续处理;利用粗糙集,可以由原始案例数据得到新的故障诊断规则等。

在采用相似性查询技术进行飞行数据故障诊断时,主要解决飞行数据的表示、相似性的度量和为了提高查询效率采用的索引结构三个问题。基于相似性查询的飞行数据故障诊断流程如图 9.1 所示。

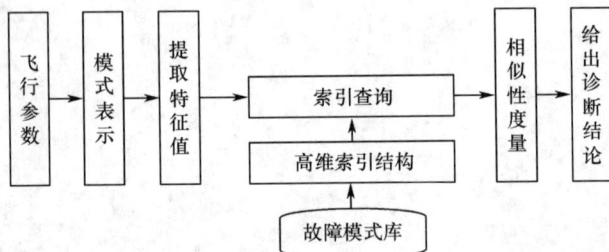

图 9.1　基于相似性查询的飞行数据故障诊断流程

具体诊断流程如下:
(1) 得到具体飞行数据后进行模式表示,包括线性分段和归一化处理;
(2) 模式表示后的飞行数据提取特征值;
(3) 依据特征值进行索引结构查询,得到匹配范围;
(4) 范围内进行相似性度量,得到匹配模式;
(5) 给出查询结果,得到诊断结论。

126

9.2 相似性查询方法相关理论

时间序列相似性查询又称为相似性搜索,其目的是在时间序列数据库中查找与给定序列相似的时间序列。其查询对象是时间序列,查询方式属于 ε 邻域查询。

定义 9.1 时间序列。定义一个时间序列 S 是有序项队列 $\{S_1, S_2, \cdots, S_n\}$,其中 S_i 项是一个 $(m+1)$ 元组 $(t, a_1, \cdots, a_m)$,$t \in T, a_i \in D_{A_i}, D_{A_i}$ 取实数集。

定义 9.2 距离度量的三角不等式。对于三个时间序列 A、B、C,有,$D(A, C) \leqslant D(A, B) + D(B, C)$,$D(*, *)$ 表示两个序列的距离。

定义 9.3 时间序列的相似。给定时间序列 $Q = \{q_1, q_2, \cdots, q_n\}$,$C = \{c_1, c_2, \cdots, c_m\}$,相似度阈值 ε,若有 $D(Q, C) \leqslant \varepsilon$,则称时间序列 Q 和 C 相似,记作 Sim (Q, C)。其中,$D(Q, C)$ 为时间序列 Q 和 C 之间的距离函数,也称为相似性度量函数。

定义 9.4 时间序列相似性查询。给定一个查询序列 $Q = \{q_1, q_2, \cdots, q_n\}$,时间序列数据库 $S = \{S_1, S_2, \cdots, S_i\}$,相似性度量函数 $D(Q, C)$ 和阈值 ε,时间序列相似性查询就是在 S 中找出所有与 Q 相似的时间序列,其查询结果 R 为满足下列条件的时间序列的集合:

$$R = \{Y \in S \mid D(Q, Y) \leqslant \varepsilon\}$$

与传统的精确查询不同,由于时间序列在数值上的连续性以及噪声的影响,使得时间序列的精确匹配既没有可能也没有必要。时间序列的相似性查询的对象不是针对某个具体的数值,而是在一段时间内具有相似形态特征的时间序列。

按照查询的对象不同,时间序列的相似性查询分为两类:

(1)全序列匹配:一般要求所有时间序列的长度都一样。主要有范围查询和空间查询两种方式。其中:范围查询是指给定查询序列和实数 $\varepsilon > 0$,找出所有与它距离不大于 ε 的时间序列;空间查询是指给定 N 条时间序列,找出所有相互之间距离不大于 ε 的时间序列对。

(2)子序列匹配:查询序列比其他时间序列较短,从时间序列中找出与查询序列匹配的子序列。一般只考虑范围查询。

9.3 时间序列的模式表示

由于飞行数据具有海量性、复杂性和噪声干扰等特点,直接在原始飞行数据上进行处理不仅计算量大,而且影响相关算法的准确性和可靠性。同时,由于飞行数据大多表现为时间序列的形式,因此可以采用时间序列模式表示方法对飞行数据进行处理。这样不仅可以大大压缩飞行数据的数据量;同时还可以有效剔除原始数据序列中的噪声干扰,从而提高后续处理的准确性和可靠性。

常用的序列模式表示方法有离散傅里叶变换和离散小波变换、奇异值分解(Singular Value Decomposition, SVD)、分段线性(Piecewise Linear Representation, PLR)。其中,PLR 具有数据压缩和过滤的作用,而且具有时间多解析的特点。时间序列的 PLR 表示中,线段的数目决定了对原始时间序列的近似程度以及计算量,因此分段数目的确定是 PLR 的关键。目前已经存在一些 PLR方法,经过分析得出基于视觉重要点(Perceptually Important Point, PIP)的 PLR 方法适合处理飞行数据。

基于视觉重要点 PIP 的分段线性表示算法流程如图 9.2 所示。

PIP 方法的基本思想是:一个数值序列中的点对于序列形状的重要性是不同的。有些点可以决定序列的整体形状,因此有着较高的重要性;而另一些则对形状的影响不大,甚至可以忽略掉。因此,在建立分段线性表示的过程中,关键是求得 PIP。在得到一个序列 PIP 点过程中,要解决如何衡量两个点之间的距离。此方法共提出了三种距离:欧几里得距离(Euclidean Distance, ED)、垂直距离(Perpendicular Distance, PD)、铅直距离 (Vertical Distance, VD)。鉴于 ED 是一种常用距离定义,故只介绍 PD 和 VD。

PD 用相连两个相邻 PIP 点间的直线作为基准,计算数据点到此直线的垂直距离作为衡量标准(图 9.3),具体定义为:

$$\text{PD}(p_3, p_c) = \sqrt{(x_c - x_3)^2 + (y_c - y_3)^2}$$

式中

$$\begin{cases} x_c = \dfrac{x_3 + (sy_3) + (s^2 x_2) - (sy_2)}{1 + s^2} - (x_3)^2 \\ y_c = (sx_c) - (sx_2) + y_2 \\ \text{Slope}(p_1, p_2) = s = \dfrac{y_2 - y_1}{x_2 - x_1} \end{cases}$$

VD,同 PD 一样,同样用相连两个相邻 PIP 点间的直线作为基准,从数据点作铅直线并交于基准直线,交点与数据点之间的距离即为铅直距离。具体定义为

$$\text{VD}(p_3, p_c) = |y_c - y_3| = \left| \left[y_1 + (y_2 - y_1)\dfrac{x_c - x_1}{x_2 - x_1} \right] - y_3 \right|$$

式中

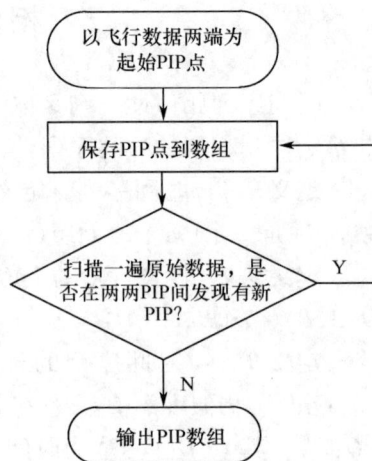

图 9.2　飞行数据的 PLR 算法流程

$$\begin{cases} \mathrm{Slope}(p_1, p_2) = s = \dfrac{y_2 - y_1}{x_2 - x_1} \\ y_c = (sx_c) - (sx_2) + y_2 \\ x_c = x_3 \end{cases}$$

在应用 PIP 的过程中需要解决两个问题：一是使用哪种度量距离的方法；二是如何确定最终使用多少个 PIP 来代表一个序列。

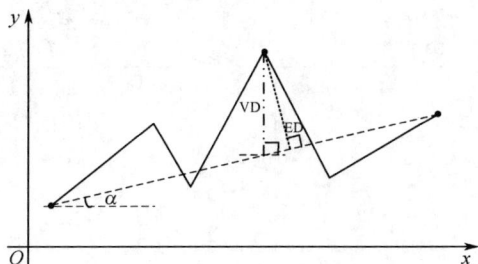

图 9.3　PIP 距离度量示意图

对于使用哪种方法来度量距离，需要综合考虑介绍的三种方法的效果和计算复杂度。下面先从效果方面考察。

以某型号飞机 2006 年 1 月 1 日单架次飞行中一段时间内的性能指标跟踪监测序列（排气温度（Exhaust Gas Temperature，EGT））为例，分别使用 ED、VD 和 PD 作为距离度量。其中原始数据包含 1921 个样本点，使用三种距离分别查找前 50 个 PIP 点，然后使用线性差值的方法补足其他点。实验结果如图 9.4 所示。

从图 9.4 中标注部分可以看出，使用 ED 的 PIP 拟合图形与原始序列相比，出现了较大的偏差，其均方误差和为 0.4659；同样数量，但使用 PD 和 VD 的效果明显优于适用 ED 的，且使用 PD 和 VD 的拟合图形相同，其均方误差和均为 0.0018。所以优先选用 PD 或 VD 作为飞行参数分段线性表示的距离尺度。

对于 ED、PD 和 VD 三种距离，需要遍历的点的数目是一样的，因此其复杂度的差异只取决于各种距离本身的计算。由三种距离的定义可以得出利用 VD 作为度量的计算量要小于 PD 和 ED。本节分析飞行参数时采用 VD 为距离度量。

对于如何选择用于代表原始序列的 PIP 数量的问题，即是解决何时停止查找 PIP。如果使用的 PIP 过多，必然造成运算时间长，效率很低以及 PIP 的冗余；如果过少，则用于原始序列的有用信息会被丢失，并且相对于原始序列会产生较严重的变形，影响后续分析处理的效果。

常用的确定 PIP 数量的方法有使用固定误差总和作为上限或者预先固定 PIP 的数量。但由于飞行数据的不可预测性，实际应用中数据曲线无规律可循。如果使用事先确定个数的 PIP 点作为原始数据的表示：设定的点数过少，对于变化复杂的数据曲线，有用的细节部分会被丢失，甚至可能使得到的曲线相比于原序列产生较大失真；如果设定的点数过多，则会增大处理的数据量，延长处理时间，浪费计算

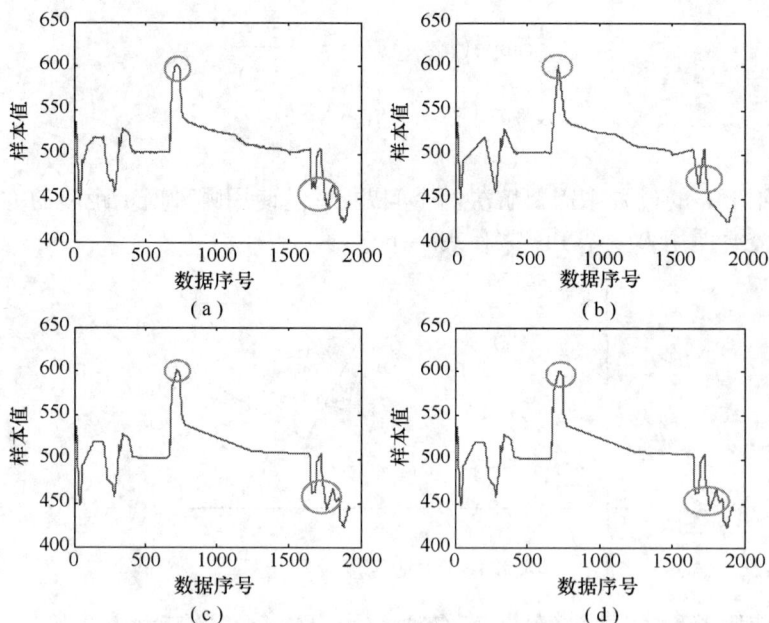

图 9.4 ED、VD 和 PD 度量效果

(a)某型号航空发动机检测序列;(b)ED 的 PIP 拟合图形;

(c)PD 的 PIP 拟合图形;(d)VD 的 PIP 拟合图形。

资源。

使用固定误差总和作为上限的缺点是:无法分辨这个误差总和是由于多个数据点产生的小误差积累所致,还是由于某几个数据点产生的大误差所得。但是在视觉上,这两种情况有着极大的不同。人们希望能够将多个小误差的情况过滤掉,而对于少数几个点出现大误差的情况则能够继续查询。

针对固定点数和固定误差总和的不足,提出了一种基于标准化序列的阈值,可以避免以上两种方法的缺点。

从概率的角度来看,所研究的飞行数据均为一随机变量,每组具体的参数就是这个随机变量的一个样本。设序列 $P = (p_1, p_2, \cdots, p_m)$ 是一个样本序列,长度为 m,$p_i(i = 1, 2, \cdots, m)$ 为序列中的点,则任一样本序列的均值为

$$E(P) = \frac{1}{m} \sum_{i=1}^{m} p_i$$

样本序列的均方差为

$$\sqrt{D(P)} = \sqrt{\frac{1}{m} \sum_{i=1}^{m} \left[p_i - E(P) \right]^2}$$

则样本序列的标准化序列为

$$P^* = \frac{P - E(P)}{\sqrt{D(P)}}$$

序列的标准化处理只涉及各数据点幅值的变化,对于 PIP 点及其顺序没有任何影响,所以,对原始序列 P 的 PIP 点查找就可以转化为对标准化序列 P^* 的处理。

由于使用了标准化序列,因此对于幅度变化范围不同的原始序列标准化变换后,其序列的均值为 $0(E(P^*)=0)$,$D(P^*)=1$。因此,对于幅度变化范围不同的序列,均可以选择一个在 $[0,1]$ 的值作为阈值控制 PIP 的数量。

设 Δ 为标准化序列 P^* 的阈值,$\Delta \in [0,1]$,一般取 $\Delta \ll 1$。用 Δ 的大小可以控制 PIP 的数量,具体方法是:当两个 PIP 点之间的所有数据点,其 VD 均小于 Δ 时,就认为这些点的变化程度或者重要性可以忽略不计,此时无需再继续查找 PIP;当大于 Δ 时,则有必要进一步划分查找 PIP。

Δ 取值越大,得到的 PIP 点就越少,所得图形越偏向于对整体的描述;Δ 取值越小,得到的 PIP 点越多,所得图形细节越丰富。当取 $\Delta=0$ 时,标准化序列的所有数据点全部成为 PIP 点。

图 9.5 是某机型发动机高压转子转速(N_2)在不同的阈值计算所得的 PIP 点表示序列。从图 9.5 中看出,当阈值 $\Delta=0.05$ 时,利用所得到的 PIP 序列已经能够很好地描述原始序列形状信息。并且还可以看出,当 Δ 由 0.05 提高至 0.2 和 0.25 时,从视觉上来看精度下降的已经比较严重。

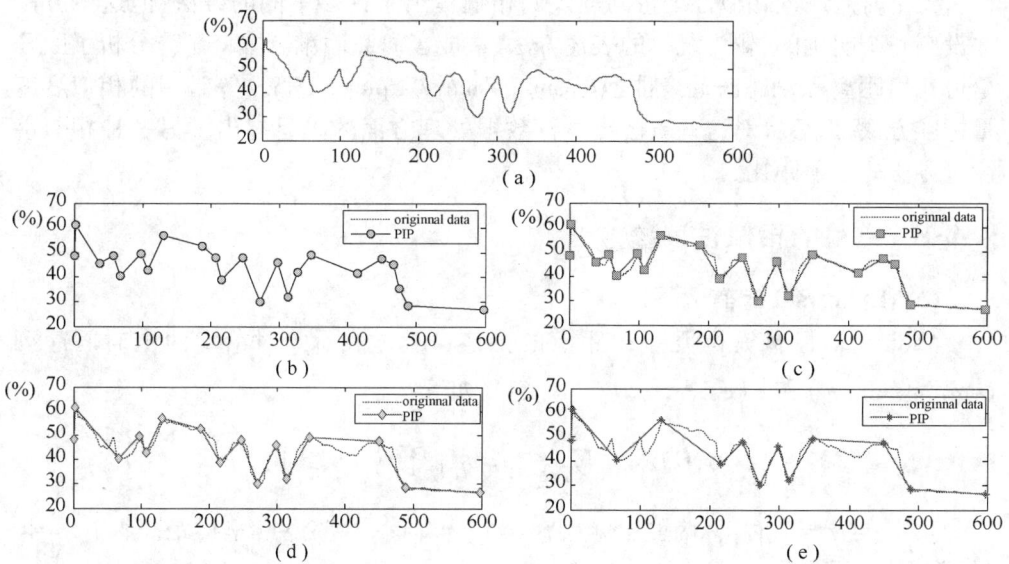

图 9.5　不同阈值下的飞行数据 PIP 表示

(a)某机型发动机参数原始数据;(b)阈值为 0.05 时的结果;(c)阈值为 0.1 时的结果;

(d)阈值 0.2 时的结果;(e)阈值 0.25 时的结果。

131

飞行数据是高维、含噪声的时间序列,在对飞行数据进行分析处理时无法直接使用原始数据,需要使用一定的表示方法对其降维、去噪,同时还要尽量保留其有效信息。针对这个需求,提出应用视觉重要点对飞行数据进行分段线性表示,并提出了分段数目的自适应确定方法。实验证明,该方法不仅可以有效保留原始数据有用信息,同时适用于不同飞行数据的统一处理。

9.4　时间序列的相似性度量

飞行数据是一串随时间变化的数据组成的时间序列,反映了属性值在时间顺序上的特征。对飞行数据进行分析,从中挖掘出蕴藏在数据信息背后的客观规律,从而进行故障诊断,就要涉及时间序列间的相似性度量的问题。

相似性度量是指两个对象之间的相似性的程度,是衡量两个对象相似性的标准。一般情况下,采用距离作为相似性度量:两个对象之间的距离越小,其相似度越大;两个对象之间的距离越大,其相似度越小。相似性度量的选择是时间序列相似性查询中的关键问题。相似性度量的选择决定了相似性查询能否支持时间序列的各种变形;同时,相似性度量的选择还影响到时间序列的索引方法。

根据时间序列的特点,目前采用的相似性度量主要有 Minkowski 距离、动态时间弯曲距离和编辑距离等,其中欧几里得距离是 Minkowski 距离的一种特例。

关于时间序列相似性度量问题人们相继提出了许多不同的方法,但这些方法并没有一个明确的、较为统一的表述方法,造成了研究困难。本章研究分析了欧几里得几何距离和动态时间弯曲(Dynamic Time Warping, DTW)等常用的相似度量标准方法,而后针对这些方法在飞行数据处理方面的不足提出了另一种相似性度量方法——缩距比。

9.4.1　常用的相似性度量方法

1. Minkowski 距离

Minkowski 距离是欧几里得距离的推广,用 L_p 表示。对给定两个时间序列 $Q(q_1, q_2, \cdots, q_n)$ 和 $C(c_1, c_2, \cdots, c_n)$,L_p 定义如下:

$$L(C,Q) = \Big[\sum_{i=1}^{n} \mid c_i - q_i \mid^p \Big]^{\frac{1}{p}} \quad (p \geqslant 1)$$

其中:当 $p=1$ 时,称为曼哈顿距离;当 $p=2$ 时,称为欧几里得距离;当 $p=\infty$ 时,称为最大距离。

Minkowski 满足以下三个条件:

(1) 非负性:$L_p(C,Q) \geqslant 0$;当且仅当 $C=Q$ 时,$L_p(C,Q)=0$。

(2) 对称性:$L_p(C,Q) = L_p(Q,C)$。

（3）三角不等式：$L_p(C,Q) \leqslant L_p(C,M) + L_p(M,Q)$。

由于 Minkowski 距离满足距离三角不等式，在进行查询时，可以利用现有的索引方法，如 R 树、R * – Tree、M – Tree 等，提高查询效率。

欧几里德距离是时间序列查询中使用最早也是最广的一种相似性度量。在最早的时间序列相似性查询文献中，Agrawal 等就使用了欧几里得距离。L_1 距离在时间序列查询中使用得也比较多。L_1 距离在测量误差满足加性拉普拉斯分布时最优，更适合用于脉冲噪音环境。Aggarwal 等人对 L_p 的特性进行了研究，结果表明：当数据集的各个维满足独立分布时，p 值越大，L_p 收敛越快，随着 p 的增大，数据对象的最远邻居和最近邻居之间的对比越不明显，因此 L_1 距离的稳定性最高。

Minkowski 距离的优点是简单、直观，计算复杂性为 $O(n)$，支持各种索引方法，便于查询和聚类等。但是 Minkowski 距离对时间序列的噪声和波动非常敏感，同时 Minkowski 距离时要求序列各点一一对应，对时间序列的变形都不支持，如振幅平移和伸缩、线性漂移、不连续、时间轴伸缩等。

2. 欧几里得距离

典型的相似性测度大都采用欧几里得距离或是在此基础上的一些改进。欧几里得距离是时间序列距离度量最基本也是最直观的一种方式。欧几里得几何距离的表述形式非常简单，就是计算两时间序列差的平方和的平方根。

对于时间序列 $Q(q_1,q_2,\cdots,q_n)$、$C(c_1,c_2,\cdots,c_n)$，其数据长度为 n，则其欧几里得距离为

$$D(Q,C) = \left[\sum_{i=1}^{n} |q_i - c_i|^2 \right]^{\frac{1}{2}}$$

欧几里得距离的表达非常直观，也非常容易理解。如果这种计算所针对的对象是二维或三维空间点的坐标，那么所得到的就是这两个点在二维或三维空间内的距离。由于欧几里得距离所进行的比较是点对点的比较，而不是图形或者波形形状的比较，欧几里得距离在使用中的缺陷也比较明显。可以看出，欧几里得距离要求待比较的两序列长度应一致，否则无法比较。

如图 9.6 所示，采用欧几里得距离对序列 1~4 进行距离度量，序列 3 被认为与直线的序列 4 相似，其实却与序列 1、序列 2 更为相似。

欧几里得距离出现偏差的主要原因是：时间轴上的轻微变化可能会使时间序列之间的欧几里得距离变化很大，这样就会使得时间序列数据在时间轴上的数据形状扭曲变形，从而缺乏一定的辨识能力。实际上，在相似序列分析中，大部分情况并不要求匹配的子序列在时间轴上完全一致。也就是

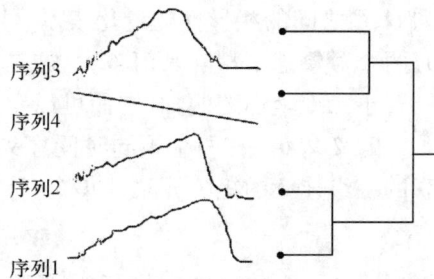

图 9.6　欧几里得距离效果比较

说,若两个子序列具有同样的形状,即使在时间轴上存在一定程度的偏移或振幅差异,也认为是匹配的。

Keogh 等人对欧几里得距离进行了改进,根据对查询序列不同部分的关注程度,使用了带有权重的欧几里得距离,通过不断改变权重支持线性漂移。距离公式为

$$L_p(C,Q) = \left[\sum_{i=1}^{n} w_i \mid c_i - q_i \mid^2 \right]^{\frac{1}{2}}$$

式中:w_i 为每段的权重。

这种方法虽然能够通过调整权重达到合理的相似性度量,但需要借助用户通过多次交互才能实现,是不现实的。

3. DTW 算法

Berndt 等人将动态时间弯曲(Dynamic Time Warping, DTW)的概念引入小型时间序列分析领域。与欧几里得距离不同,DTW 距离不要求两条时间序列之间点与点之间进行一一对应的匹配,允许序列点自我复制后再进行对齐匹配。当时间序列发生时间轴弯曲时,可以在弯曲部分进行自我复制,使两条时间序列之间的相似波形进行对齐匹配。动态时间弯曲方法比欧几里得距离方法的计算精度高,但是运算时间较长。

设有时间序列 Q、C,其数据长度分别为 n 和 m,则有

$$Q = q_1, q_2, \cdots, q_n, C = c_1, c_2, \cdots, c_m$$

为了利用 DTW 将两个时间序列对准,事先定义距离矩阵。

定义 9.5 n 行 m 列矩阵,矩阵中的元素为不同时间序列数据对象之间的点的欧几里得距离,即 $d(q_i, c_j) = (q_i - c_j)^2$,称此矩阵为时间序列 Q、C 的距离矩阵。

$$\boldsymbol{D} = \begin{pmatrix} d(q_n, c_1) & \cdots & d(q_n, c_m) \\ \vdots & \ddots & \vdots \\ d(q_1, c_1) & \cdots & d(q_1, c_m) \end{pmatrix}$$

矩阵中的 $d(q_i, c_j)$ 是两个时间序列数据点之间的距离值,可以看作是时间序列 Q、C 之间的相异性的量化表示。当时间序列 Q、C 越相似或越接近其值越接近 0,两个对象越不相同其值越大,这是进行相似性度量的基础。将两个时间序列分别置于二维坐标的两轴,进而可以定义弯曲路径,如图 9.7 所示。

定义 9.6 在两个不同时间序列间的距离矩阵中,定义时间序列间相异性关系的一组连续的矩阵元素的集合,称为弯曲路径。

$$W = w_1, w_2, \cdots, w_k$$

弯曲路径应满足以下条件:

(1)有界性:$\max(m, n) \leqslant K \leqslant (n + m - 1)$。

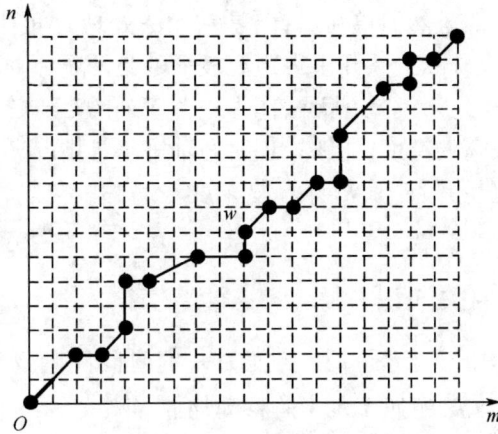

图9.7　动态弯曲路径

（2）边界条件：$w_1 = D(q_1, c_1)$，$w_K = D(q_n, c_m)$，即弯曲路径的起止元素为距离矩阵的斜对角线上的两端元素。

（3）连续性：给定 $w_k = D(q_a, c_b)$，$w_{k-1} = D(q_{a'}, c_{b'})$，则 $a - a' \leqslant 1$ 且 $b - b' \leqslant 1$，即弯曲路径中的元素是连续的。

（4）单调性：给定 $w_k = D(q_a, c_b)$，$w_{k-1} = D(q_{a'}, c_{b'})$，则 $a - a' \geqslant 0$ 且 $b - b' \geqslant 0$，即强制保证弯曲路径在时间轴上是单调的。

分析距离矩阵可知，弯曲路径存在多个解，但只需要关注弯曲路径总长度最小的。在逻辑意义上，两个数据相似性程度最大（距离值最小）的作为相似搜索的判断依据：

$$DTW(Q, C) = \min\left(\sqrt{\sum_{k-1}^{K} w_k / K} \right)$$

其中与 K 的比值用于在与不同长度的序列进行比较时有统一的标准。

由动态规划的理论可知，设有点 $D(q_i, c_j)$ 在最佳路径上，那么从点 $D(q_1, c_1)$ 到点 $D(q_i, c_j)$ 的子路径也是局部最优解。也就是，从点 $D(q_i, c_j)$ 到点 $D(q_n, c_m)$ 的最佳路径可以由时间起始点 $D(q_1, c_1)$ 到终点 $D(q_n, c_m)$ 之间的局部最优解通过递归搜索获得，即

$$\begin{cases} r(1,1) = d(q_1, c_1) \\ r(i,j) = d(q_i, c_i) + \min\{r(i-1,j), r(i,j-1), r(i-1,j-1)\} \end{cases}$$

从定义可以看出，欧几里得距离可以看做 DTW 的一个特例，即当 $r(i,j) = d(q_i, c_i)$，且 $m = n$ 时，DTW 就蜕变为欧几里得距离。DTW 的时间复杂度为 $O(mn)$。

从以上分析可以看出：

（1）欧几里得距离虽然简单易懂，但是它无法处理时间轴不对齐以及时间轴平移、拉伸压缩等情况，同时，欧几里得距离表征的是两条序列间的距离关系，而无法表征单一的序列，换句话说就是无法作为一个序列的自身的特征。

（2）虽然有着较高的精度，能够处理时间轴平移等情况，但是它也无法处理时间轴反转、伸缩等情况，并且 DTW 计算复杂度较高，并不适合于飞行数据这种大数据量的数据处理。

9.4.2 缩距比及相关知识

定义 9.7（移动均值）：给定一个长度为 n 的时间序列 $X = [x_i]$（$i = 0, 1, \cdots, n-1$）和移动均值系数 k，序列 X 的 k 阶移动均值 $\mathrm{MV}_k = (x_k[j])$（$0 \leqslant j < \mathrm{Len}(X) - k + 1$）是通过如下变换实现的：

$$x_k[j] = \frac{x[j] + x[j+1] + \cdots + x[j+k-1]}{k} = \frac{\sum_{l=j}^{j+k-1} x[l]}{k}$$

定理 9.1（缩距定理）：对于两个时间序列 $X = \{x_0, x_1, \cdots, x_{n-1}\}$ 和 $Y = \{y_0, y_1, \cdots, y_{n-1}\}$，它们的二阶移动均值分别为 $\mathrm{MV}_2(X)$ 和 $\mathrm{MV}_2(Y)$，则一定满足：

$$D(\mathrm{MV}_2(X), \mathrm{MV}_2(Y)) \leqslant D(X, Y)$$

上面的公式中，当且仅当 X 和 Y 是相同的序列时，$D(\mathrm{MV}_2(X), \mathrm{MV}_2(Y)) = D(X, Y)$ 才会成立。

推论 9.1 对于两个相似的时间序列，它们的二阶移动均值也一定相似。

证明：对于定理 9.1 中提到的时间序列 X 和 Y，以及它们的移动均值分别为 $\mathrm{MV}_2(X)$ 和 $\mathrm{MV}_2(Y)$，因为 X 和 Y 相似，即有 $D(X, Y) \in \varepsilon$，有根据定理 9.1，即有 $D(\mathrm{MV}_2(X), \mathrm{MV}_2(Y) \leqslant D(X, Y) < \varepsilon)$，即说明 $\mathrm{MV}_2(X)$ 和 $\mathrm{MV}_2(Y)$ 也相似。

定义 9.8（缩距比）：设有一个时间序列 S 和它的二阶移动均值 $\mathrm{MV}_2(S)$，它们与水平坐标轴的欧几里得距离分别为 D_S 和 D_M，则 S 和 $\mathrm{MV}_2(S)$ 之间的缩距比定义为

$$r = (D_S - D_M)/D_S$$

定理 9.2（缩距比关系定理）：对于两个相似的时间序列 X 和 Y，当 $D_X > \varepsilon$ 时，必满足

$$\frac{D_X \times r_1 - 2\varepsilon}{D_X + \varepsilon} < r_2 < \frac{D_X \times r_1 + 2\varepsilon}{D_X - \varepsilon}$$

证明：因为 X 和 Y 是相似的时间序列，所以有 $D(X, Y) < \varepsilon$，根据三角不等式定理，则有 $D_X - D_Y < D(X, Y)$ 或 $D_Y - D_X < D(X, Y)$，即 $|D_X - D_Y| < D(X, Y)$，所以有 $|D_X - D_Y| < \varepsilon$，根据推论 9.1，$\mathrm{MV}_2(X)$ 和 $\mathrm{MV}_2(Y)$ 也相似，则也满足 $|D_{M_1} - D_{M_2}| < \varepsilon$；则有 $|D_X - D_Y| + |D_{M_1} - D_{M_2}| < 2\varepsilon$，根据数学相关知识，有 $|(D_X - D_Y) +$

$(D_{M_1} - D_{M_2}) \mid < 2\varepsilon$，则有 $\mid (D_X - D_{M_1}) - (D_Y - D_{M_2}) \mid = \mid D_X \times r_1 - D_Y \times r_2 \mid < 2\varepsilon$，再根据不等式知识，即可以得到定理 9.2。

实际应用中，对于一个时间序列 X，$D_X > \varepsilon$ 几乎总是成立的，因为当时间序列 X 满足 $D_X \leqslant \varepsilon$ 时，寻找与 X 相似的时间序列通常没有实际意义。

9.5　时间序列的索引技术

时间序列的相似性查询是在时间序列数据集中发现相似的变化模式，是一种新型、重要的分析方法，对于时间序列的预测、分类以及进行知识发现等具有重要意义。时间序列相似性查询最早是由 IBM 公司的 Agrawal 等人 1993 年提出的，该问题被描述为"给定某个时间序列，要求从一个大型时间序列数据库中找出与之最相似的序列"。

时间序列相似性查询分为全序列匹配和子序列匹配两种方式。查询序列和被查询序列的长度相同，称为全序列匹配；在较长的时间序列中，找出与查询序列相似的子序列，称为子序列匹配。全序列匹配中涉及的问题主要有：数据的预处理，相似性度量，时间序列的表示和索引结构的组织与实现等；子序列匹配中，除了有全序列匹配中涉及的问题外，时间序列的超高维特性使得匹配结果的候选集非常大，即序列中任何一个时间点开始的任何长度的子序列都有可能是查询结果，从而使得子序列匹配中消耗过多的时间，这也就是多维时序数列的降维问题以及查询的准确率与效率的权衡问题。

9.5.1　常见的索引结构

时间序列数据库包含的数据量非常庞大，为了提高查找效率，需要对被查找的时间序列建立索引。索引技术的关键问题是如何划分数据空间，以及如何根据划分方法将数据组织起来，索引的组织很大程度上依赖于相似性度量。目前大部分相似性度量是基于欧几里得空间距离的，因此其索引方式也大部分采用空间索引结构。空间索引是指依据空间对象的位置和形状或空间对象之间的某种空间关系，按一定顺序排列的一种数据结构，其中包含空间对象的概要信息。从大的方面分，空间数据索引技术可分为树结构（包括 R 树、K - D 树、四叉树）和网格文件两类。时间序列索引的一种方式是直接采用这些空间索引技术，首先对这些传统的索引方法进行比较：

（1）R 树类包括 R 树及其变形，如 R + 树、R 树、SR 树等。这些数据结构都是平衡树，用于处理多维数据，访问二维或更高维对象组成的空间数据。R 树类索引方法的基本思想是：根据数据分布，将向量空间划分为若干个最小外接矩形 MBR，再将父 MBR 根据空间包含关系划分为若干子 MBR，如此反复，自上而下构成一个树形结构。其中，叶节点直接指向数据对象，树节点 MBR 之间允许重叠。

（2）K－D 树是 k 维的二叉查找树，二叉查找树在多维空间的扩展主要用于索引多属性的数据或多维点数据。K－D 树是一个非平衡树，不同的数据插入顺序会产生不同结构的 K－D 树。在 K－D 树中，数据不仅出现在叶节点上，也可以分散在树的任何地方。K－D 树虽然对存储要求比较低，但增加了树的深度，不利于海量数据存储，树的更新也比较困难。

（3）四叉树实际上是指在 k 维数据空间中，每一节点有 4 个子树，用于对空间点的表示与索引。每个节点存储了一空间点的信息及 4 个子节点的指针。在四叉树创建时，首先将整个空间划成 4 个相等的子空间，然后对每个或其中几个子空间再继续划分，这样就形成了一个基于四叉树的空间划分。同 R 树相比，四叉树可以用顺序存储的线性表来表示索引，内存需求量小，插入和删除操作更加简单方便，有利于查询速度的提高。但四叉树是一种非平衡树，在建立索引之前必须预先知道空间对象所分布的范围，可调节性比较差。

（4）网格文件是一种典型的基于哈希表的数据存取方式，它的基本思想是根据正交的网格划分 k 维的数据空间。k 维数据空间的网格由 k 个一维数组表示，这些数组称为刻度，刻度的每一边界构成 k 个一维的超平面。整个数据空间被所有的边界划分成许多 k 维的矩形子空间，这些矩形子空间称为网格目录，用 k 维的数组表示，将其保存在硬盘上。网格目录的每一网格单元包含一外存页的地址，这一外存页存储了该网格单元内的数据目标，称为数据页。一个数据页允许存储多个相邻网格单元的目标。网格文件索引方法的优点是算法实现较为简单，结合编码技术可以快速实现目标查询；缺点是数据冗余较大、缺少层次、灵活性差、无法实现多分辨力。

空间数据相似性查询一般是通过提取空间数据的特征来进行相似性匹配，这些特征一般都表达为高维特征向量，于是解决相似性查询问题的关键就是高维空间数据索引。对于时间序列的索引，通过提取其主要特征，将时间序列映射到高维空间中的点，然后可以直接利用高维数据索引方法。另外，还有很多学者针对时间序列的具体特点和要求，对高维空间数据索引技术加以改进或直接设计出专门的时间序列索引方法。

Agrawal 等人研究了全序列查询问题，利用离散傅里叶变换将时间序列变换到频域空间，然后提取前 k 个离散傅里叶系数作为一个多维特征向量来表示时间序列，再利用 R 树作为其索引组织结构实施快速查询。这一索引技术被命名为 F 索引；Faloutsos 等人将 Agrawal 等人提出的技术扩展到子序列匹配问题上，创立了 ST 索引方法；Kim 等人利用图论理论对 ST 索引进行了改进，使子序列查询效率有了比较大的提高；Bozkaya 等人针对不用长度相似性度量提出了一种称为 vp－tree（vantage point tree）的索引结构，这种方法应用比较简单，但由于它们的相似性不是基于一个距离度量空间的，可能导致查询的不完备，造成查找正确结果的遗漏。

9.5.2　基于 DRR 的 DRR – tree 索引结构

H. V. Jagadish 等人于 2006 年提出 Baton * – tree 索引结构。Baton * – tree 是一种平衡树,而且是完全树。它结构灵活、稳定,非常适合于大数据的索引查询,因此我们在 Baton * – tree 基础上以缩距比为属性改进了 Baton * – tree 结构,提出了 DRR – tree 索引结构。

1. DRR – tree 节点内部结构

在 DRR – tree 中,每个节点内部结构为:①一个数组 Array,用来保存所有属于该节点的序列的信息;②一个 DRR 区间 Interval,在存储或者查询时,如果目标序列的 DRR 值属于这个区间内,那么这个序列就会保存在该节点数组 Array 内部;③三种节点指针分别为父节点指针、子节点指针和邻居节点指针。此种结构的优点在于:①索引中的节点通过存储一个缩距比区间来保存缩距比值属于该区间的飞行数据序列,减少了索引结构中节点的数量;②每个节点都保存两个左右邻居节点的指针,对维护树的平衡、实现快速查找起到了很好的作用。

下面将以 4 个子节点的 DRR – tree 为例进行说明。DRR – tree 节点结构如图 9.8 所示。

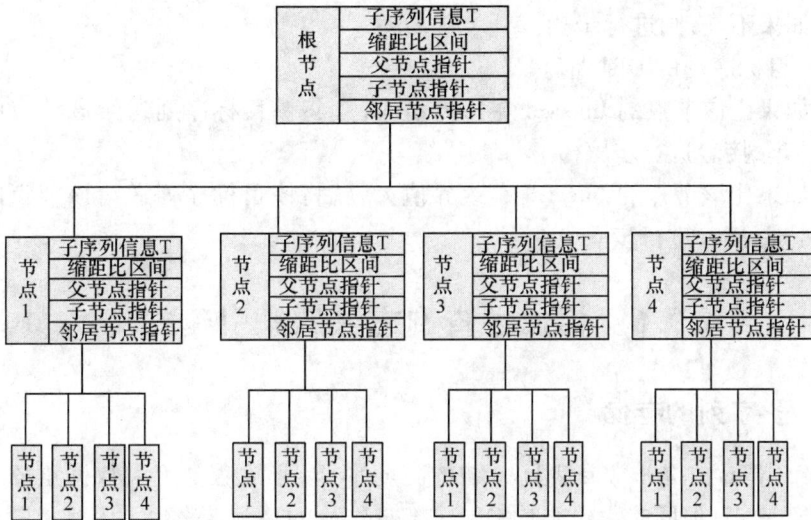

图 9.8　DRR – tree 节点结构

2. DRR – tree 的特点

从 DRR 的定义可以看出,DRR 取值区间是[0,1]。在 DRR – tree 中,有一条邻居路由表从左到右把每一个节点连接起来。[0,1]被分成若干个首尾相接子区间,这些子区间按照区间先后顺序也是从左到右被每个节点的 Interval 所保存。如图 9.9 所示,从最左端的节点 2 开始,沿着邻居路由表一直到最右端的节点 5,每个节点的 Interval 都是递增的,并且这些节点的区间并集是[0,1],它们的 Interval

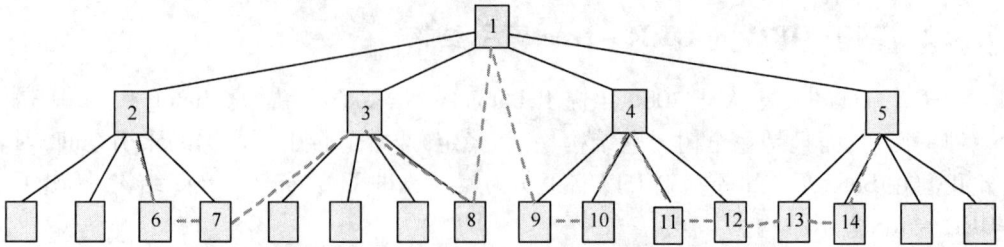

图 9.9　DRR − tree 示意图(虚线表示邻居路由表)

两两间交集为空集。

当进行索引操作时,如果要求的某一序列的相似序列:首先,根据定义 9.8 计算该序列的 DRR,再设定参数 ξ,根据定理 9.2 求得缩距比区间;其次,分别找到缩距比区间的两个边界值所在节点,那么在两个节点之间,也就是在邻居路由表上两个节点之间的所有节点所保存的序列都是这个目标序列的相似序列。

查找某 DRR 值所在节点的查询算法步骤如下:

(1)检查目标序列的 DDR 值是否在该节点的 Interval 内。

① 如果在,则返回该节点的指针。

② 如果不在,则进行步骤(2)。

(2)目标序列的 DRR 值。

① 如果比该节点的 Interval 左边界值小,则将该目标序列送给该节点的左邻居节点处理;接着进行步骤(1)。

② 如果比该节点的 Interval 右边界值大,就将该目标序列送给该节点的右邻居节点处理;接着进行步骤(1)。

9.6　相似性查询方法的索引建立

9.6.1　子序列的存储

DRR − tree 结构非常灵活且树结构高度平衡,非常适合于大数据量的飞行数据的查询、索引,但同时也给维护 DRR − tree 结构的平衡带来较大困难。随着新的数据不断加入到树结构中,为了维护结构的平衡,新序列的信息加入须遵循如下机制:

(1)在 DRR − tree 中查找该序列的 DRR 所属的节点,然后按照大小顺序插入到该节点的 Array 中。

(2)一旦某一节点内 Array 中保存的元素个数超过 n(n 为设定的 Array 中元素的最大数),这个节点就会分裂为两个新的节点,而且一个节点会得到 Array 的前一半,另一节点会得到 Array 的后一半。

图 9. 10 和图 9. 11 描绘了新序列信息的插入,以及节点的分裂过程。

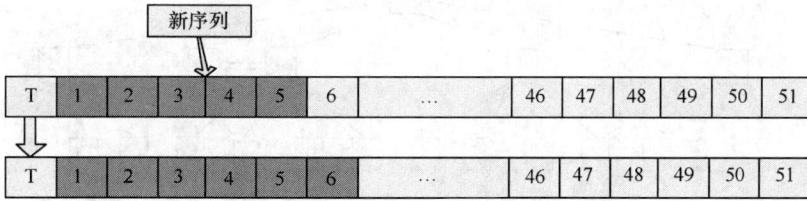

图 9. 10　节点保存新序列信息

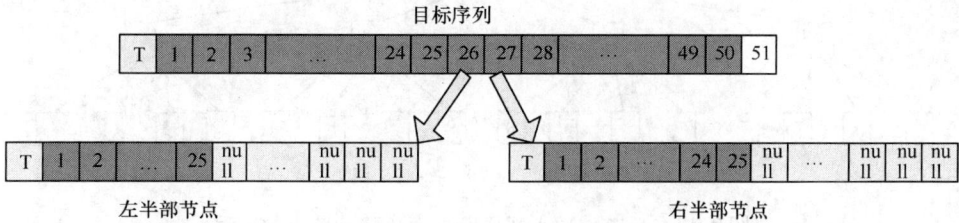

图 9. 11　节点分裂示意图

9. 6. 2　新节点的插入

为了保持索引结构的平衡,当有新节点产生时,必须要保证目前已有的层都存满节点,才能产生新一层节点。为了解决这个问题:首先,如果分裂节点所在层已经存满节点,那么就要判断它的 4 个子节点是否已经存满,如果没有,则判断是左边没满还是右边没满。如果它的子节点已经存满,就要判断与它同层的节点的子节点是否都已满,如果是,那么就把区间较大的新节点送给它的相邻右子节点,重复上面的过程;如果不是,这时就需要左右移动节点,以便插入新节点。

图 9. 12 表示的是旧的节点 4 分类为新的节点 node4(node4 是 Interval 较小的节点)和 node4 ∗,为了将新的两个新的节点插入到树结构中,需要沿着邻居路由表移动节点:首先判断是向左移动的邻居路由表的代价小,还是向右移动的邻居路由表的代价小。图 9. 11 假设向右移动路由表的代价小,那么 node4 就会顶替旧的节点 4 留下来,而 node4 ∗ 会顶替旧节点 4 的右邻居 node11,而 node11 则会顶替它的右邻居 node12,依次类推,一直到 node5 到了目标位置为止。

新节点插入树结构的算法步骤如下:

(1) 检查新节点所在层是否已经存满了节点。

① 如果没有,找出是节点位置的哪一边还未存满节点(找到目标位置),其中一个节点留下来代替被分裂的节点,之后将另外一个节点插入到邻居路由表中,这样就会沿着邻居路由表向左(或右)依次移动受影响的节点,一直到路由表中最后的节点到达目标位置为止。

② 如果已经存满,则执行步骤(2)。

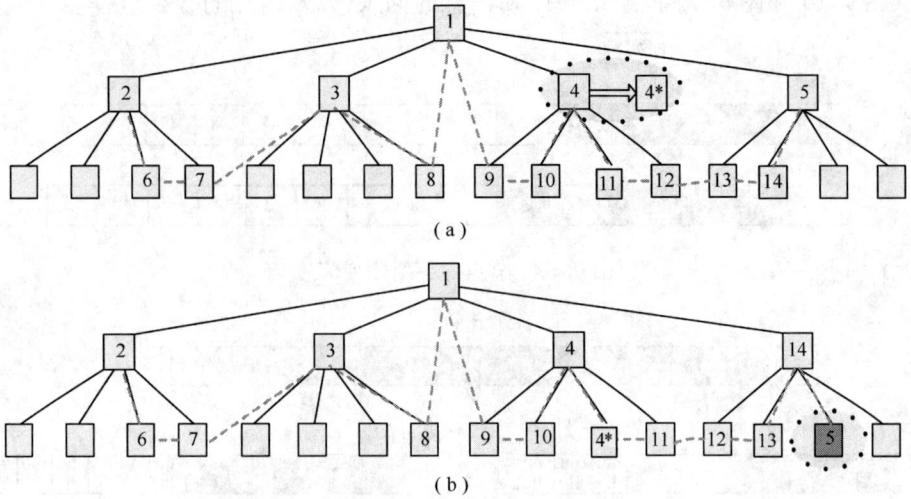

图 9.12 新节点插入邻居路由表后移动节点的过程
(a)node 分裂出新 node4 ∗ ,节点将会沿着邻居路由表(虚线)依次右移;
(b)node5 移动到它的子节点 2 的位置,更新左右关系,移动完成。

(2)判断该节点是否已经有了全部的孩子节点。

① 如果没有,确定是左孩子节点未满,还是右孩子节点未满,然后相应地留下一个节点代替被分裂的节点,另一个将作为新的节点插入到相应位置,然后把该节点插入到邻居路由表中,并更新邻居路由表。

② 如果已经存满了全部的孩子节点,那么选择其中一个节点留下替代被分裂的节点,另一节点替换它的左(或右)邻居节点,那么这个被"挤"出来的邻居节点就作为了"新"的待插入索引结构的节点,继续转到执行步骤(1)。

9.7 仿真实验

为了说明基于 DRR - tree 的相似性查询方法的有效性,我们分别在仿真数据和真实飞行数据上进行实验验证。

9.7.1 仿真数据实验

在仿真实验中,采用的数据是从下面函数中产生的 599 个连续点:

$$y = \sin\left(\frac{5 \times x \times \pi}{180}\right) + \sin\left(\frac{7 \times x \times \pi}{180}\right) + a(x) \quad (x = 1, 2, \cdots, 599)$$

式中:$a(x)$ 为高斯噪声函数。

选取了函数中 599 个点为全序列,采用滑动窗口划分段落的方法,大小为 100

点,以一个点为单位,向右移动窗口,将 599 点划分为 500 段,并截取其中的第 68 段为目标序列。在总序列中查找与目标序列相似的子序列。实验结果如图 9.13 和图 9.14 所示,表 9.1 显示了误差情况。

表 9.1　仿真数据相似性查询实验结果

	目标段	结果 1	结果 2
ED	0	0.0044	0.2544
DRR	0.128359	0.128316	0.130112
注:第 68 段序列的缩距比值为 0.128359,计算出的缩距比区间为[0.112492,0.144467]			

图 9.13,展示了受到噪声干扰的信号在使用基于视觉重要点的 PLR 方法后的结果。599 点的原始数据被压缩为 27 点,压缩率达到 95.49%。

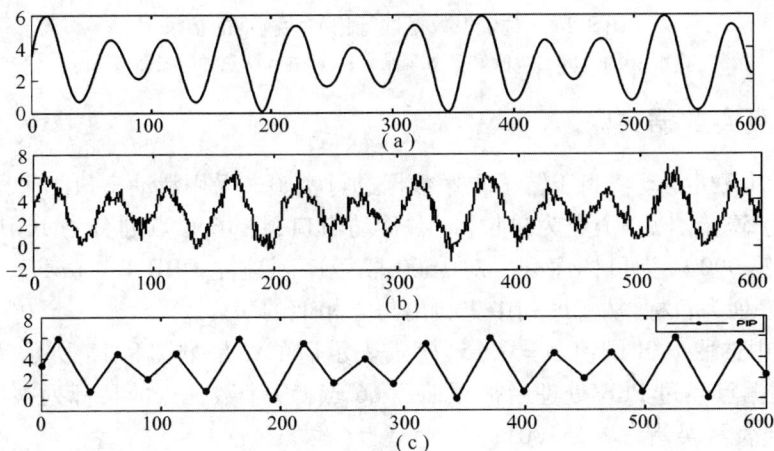

图 9.13　模拟实验数据以及 PLR 之后的结果
(a)原始数据;(b)含有噪声的原始数据;(c)分段表示含有噪声的数据。

图 9.14 展示了使用 DRR – tree 对 PLR 处理后的仿真数据进行索引查询,图 9.14(a)、(b)分别代表目标序列和被 PLR 处理后的目标序列,图 9.14(c)中绿色和红色段是对 599 点的模拟数据 y 进行分段线性表示后,用基于 DRR – tree 的索引在其中找出的与目标序列相似的结果。

现实中的飞行数据总是掺杂噪声,这些噪声会或多或少地影响数据序列视觉上的形状,因此会给实验结果带来误差,且来自信号 y 的周期的信号在噪声干扰以后会变成非周期的信号。但从 PLR 处理的结果来看,来自信号源 y 非周期的数据经过 PLR 处理后又变成了近似周期的数据。

从图 9.13 和表 9.1 反映的实验结果看,PLR 方法能够明显地对数据进行压缩,同时又能有效减弱噪声的影响,这对飞行数据的模式表示和高效索引等后续处理都带来了便利。

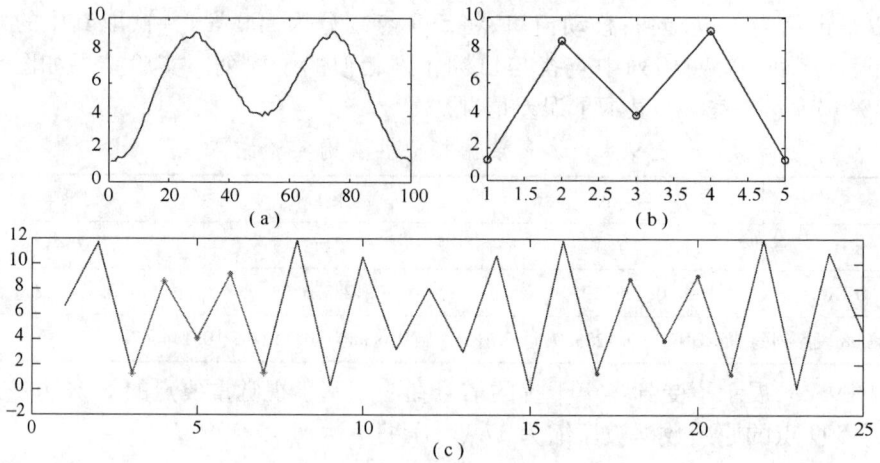

图 9.14　对模拟数据进行相似性查询的结果

(a)目标段；(b)目标段 PLR 处理结果；(c)在 599 点钟的查询结果。

9.7.2　真实数据实验

首先对飞机发动机高压转子转速数据进行实验。采用滑动窗口划分段落的方法，大小为 50 点，以一个点为单位，向右移动窗口，将 1650 点划分为 1601 段。从中截取了第 990 段为目标序列。对 1600 段子序列建立 DRR $*$ - tree 索引，以第 991 段子序列为目标，从总序列中查找出与之相似的序列。

实验中选取 PLR 阈值 $\Delta = 0.15$，模式表示后的结果如图 9.15 所示。原始的 1650 点数据点经过 PLR 处理后被压缩成 66 点，50 个数据点的目标列被压缩成 5 个点，模式表示误差为 2.3810011。

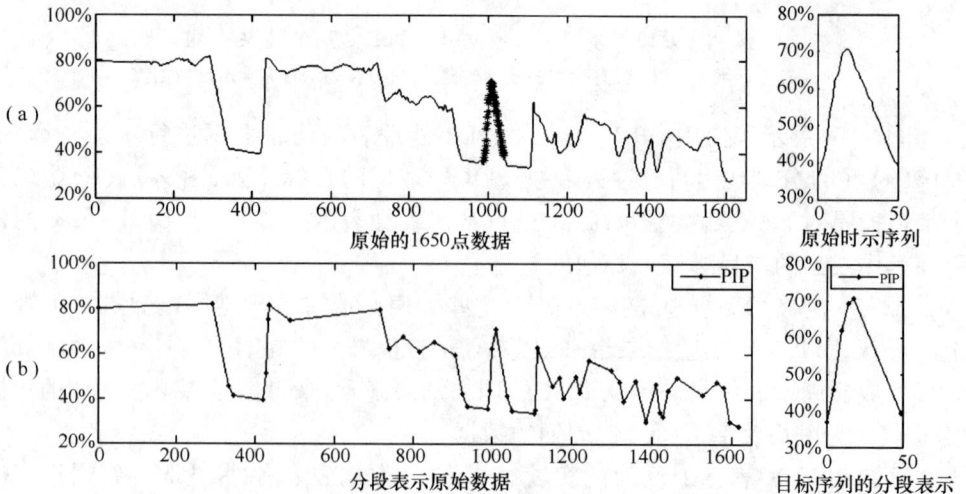

图 9.15　飞行数据高压转子转速数据及 PLR 之后的结果

当设定索引查询阈值 $\xi = 0.3$ 时,目标段的 DRR 为 0.049346,得到的 DRR 区间为 [0.0441035, 0.0546155]。

图 9.16 展示了 N_2 查询结果。可以从图中看出只有一个查询结果,而且查询结果正好对应目标序列。从这次实验结果可以看出,基于 DRR - tree 的索引机制,能够精准地查找出与目标序列相似的结果。

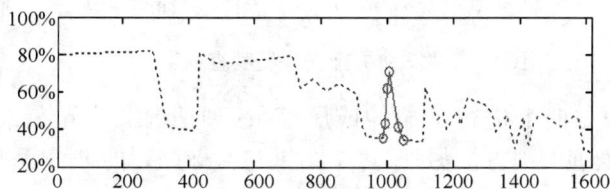

图 9.16　高压转速实验查询结果

接下来对另外一组数据飞机排气口温度进行实验,规定 PLR 中阈值 $\Delta = 0.1$,1650 个点被压缩为 91 点,50 点的目标段被压缩为 4 个点。实验结果如图 9.17 所示。

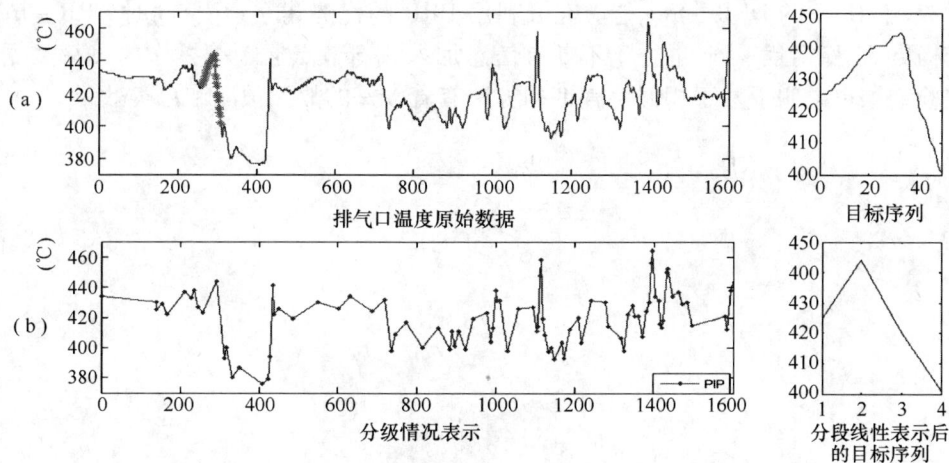

图 9.17　发动机排气口温度数据及 PLR 处理结果

图 9.18 中的目标段 DRR 值为 0.127776,而且 DRR 区间为 [0.12667, 0.128884]。图 9.18 展示了使用基于 DRR - tree 结构的查询结果。

表 9.2　发动机排气口温度实验结果

	目标	结果 1	结果 2	结果 3	结果 4
ED	0	29.9875	36.3180	45.2990	32.9393
DRR	0.128359	0.128575	0.127327	0.127777	0.12667

在表 9.2 中,结果 1 是带查询目标序列本身,另外三个序列似乎看去与目标序列并不相似,但其实结果 2 近似是目标序列的镜像,而结果 3 和结果 4 可以看成是

145

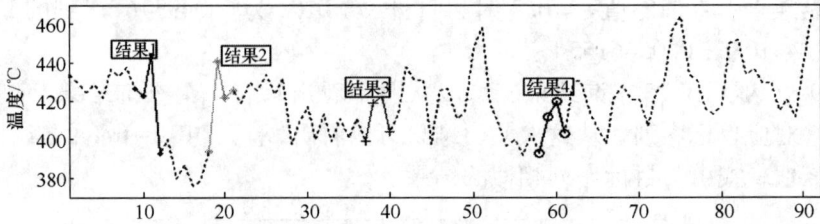

图 9.18 　发动机排气口温度查询实验结果

目标序列在某一方向上进行了拉伸或压缩,这种情况其实正是欧几里得距离和 DTW 不能很好处理的地方。另外,每个结果与目标序列的拟合程度可以反映出近似程度的大小。通过控制缩距比区间大小参数 ε 来控制落入区间内的序列数量,也就是控制了相似结果的个数。

　从相似性查询相关理论和实验结果来看,用于度量时间序列相似度的缩距比方法,能够很好地表征时间序列自身的特性,同时有着较高的识别精度和匹配精度,作为一维的数值,能够为后续的查询索引在计算和处理上提供很大的便利。同时,基于 DRR 的 DRR－tree 能够充分利用 DRR 的优势建立索引,同时 DRR－tree 结构灵活、稳定且平衡,适合于不断有信息加入或新节点插入等操作的飞行数据,实验结果也说明了基于相似性查询的方法有着较好的故障预测和分类效果。

参 考 文 献

［1］ 王园.基于相似性查询和贝叶斯分类器的飞行数据故障诊断方法研究［D］.北京:北京航空航天大学,2012.

［2］ 谢果. 基于数据挖掘的飞行数据分析及仿真研究［D］. 广汉:中国民用航空飞行学院,2012.

［3］ 张鹏.民航飞机故障诊断方法研究［D］.天津:中国民航大学,2008.

［4］ Fu T C, Chung F L, Luk R, Ng, C M. Stock time series pattern matching: template – based vs. rule – based approaches. Engineering Applications of Artificial Intelligence 2007, 20 (3): 347 – 364.

［5］ Liu B,Jones R,Klinkner K L. Measuring the meaning in time series clustering of text search queries. In Proc. CIKM,2006:836,837.

［6］ Keogh E J, Kasetty S. On the need for time series data mining benchmarks: A survey and empirical demonstration［J］. Data Mining and Knowledge Discovery, 2003 , 7(4):349 – 371.

［7］ Chan K P. Fu W C. Efficient Time Series Matching by Wavelets ［C］. Proceedings ofthe International Conference on Data Engineering. Washington: IEEE Computer Society,1999:126 – 133.

［8］ 杨永强. 基于相似性分析的时间序列数据挖掘研究［D］. 西南交通大学,2011.

［9］ 郑凯仪. 我国飞行数据记录设备概况［J］. 测控技术, 1995, 14(2):19 – 23.

［10］ Fayyad U, Piatetsky – Shapiro G, Smyth P. From Data Mining to Knowledge Discovery in Databases (a survey). AI Magazine, 1996, 17(3):37 – 54.

［11］ Eamonn J. Keogh, Kaushik Chakrabarti, Michael J. Pazzani, Sharad ehrotra. Dimensionality Reduction for Fast Similarity Search in Large Time Series Databases［J］. Knowl. Inf. Syst,2001, 3 (3): 263 – 286.

［12］ Wang C, S. Wang. Supporting content – based searches on time Series via approximation［C］. Proceedings of the 12th International Conference on Scientific and Statistical Database Management. Washington: IEEE Computer Society,2000,69 – 81.

［13］ Sanghyun Park, Sang – Wook Kim, June – Suh Cho, Sriram Padmanabhan. Prefix – Querying An Approach for Effective Subsequence Matching Under Time Warping in Sequence Databases ［C］. Proceedings of the tenth international conference on Information and knowledge management. New York: ACM Press. 2001 ,255 – 262.

［14］ Agyemang M, Ezeife C I, LSC – Mine: Algorithm for Mining Local Outliers, Proceedings of the

15th Information Resource Management Association（IRMA）International Conference, New Orleans, 2004,1:5 – 8.

［15］ He Zengyou, Deng Shengchun, Xu Xiaofei, An optimization model for Outlier Detection in Categorical Data. Lecture Notes in Computer Science（LNCS）36 – 44, 2005:400 – 409.

［16］ 左新强．时间序列的相似性查找方法研究［D］．北京:清华大学,2007:2 – 7.

［17］ 郭菁，周洞汝，郭薇，等．空间数据库索引技术的研究［J］．计算机应用研究，2003，（12):12 – 14.

［18］ 曲吉林，寇纪淞，李敏强．图像检索中索引技术研究［J］．情报科学，2006,24(4): 579 – 583.

［19］ 夏宇,朱欣焰.高维空间数据索引技术研究［J］.测绘科学,2009,34(1):60 – 6.

［20］ Kim E, Lam J M,Han, AIM J. Approximate intelligent matching for time series data, In proceedings of Data Warehousing and Knowledge Discovery, 2nd Int 1 Conference. London, UK, Sep 4 – 6, 2000:347 – 357.

［21］ Bozkaya T, Ozsoyoglu M. Indexing large metric spaces for similarity search queries. ACM Trans DatabaseSys,1999: 361 – 404.

［22］ Jagadish H V, Beng Chin Ooi, Quang Hieu Vu. BATON: A Balanced Tree Structure for Peer – to – Peer Networks［A］. Proceedings of the 31st VLDB Conference, 2005: 661 –672.

［23］ Friedman, Geiger, Goldszmidt. Bayesian Network Classifiers. 1997,29: 131 – 163.

［24］ 张景新.专家系统知识获取方法研究与应用［D］.北京:北京航空航天大学, 2009.

［25］ 邓小乐.基于支持向量机的机载设备故障诊断与故障预报技术［D］. 北京:北京航空航天大学,2011.

［26］ 侯安华.故障诊断专家系统关键技术研究与应用［D］.北京:北京航空航天大学,2006.

［27］ 刘陶.基于飞行参数的故障诊断技术研究［D］.北京:北京航空航天大学,2008..

［28］ 曲建岭，唐昌盛，李万泉．飞参数据的应用研究现状及发展趋势［J］．计测技术,2007, 27(6):8 – 10..

［29］ 宋东,等,基于数据挖掘技术的飞机与故障诊断专家系统设计.计算机测量与控制,2012, 20(10):2603 – 2607.

［30］ 梁春泉，李峥嵘．基于 BP 神经网络的小麦病害诊断知识获取［J］．微计算机信息，2008, 24(5): 203 – 205.

［31］ Chen Zhaoxun, Wang Liya. Intergrating Knowledge Acquisition and Deduction in Product Configuration by Neural Networks［A］. WiCom 2007International Conference on Wireless Communications, Networking and Mobile Computing［C］. 2007:5480 – 5483.

［32］ Wang Shuqing, Liao Jiaping. Application of Neural Networks and Genetic Algorithm in Knowledge Acquisition of Fuzzy Control System［A］. Proceedings of 6th World Congress on Intelligent Control and Automation［C］. Dalian,China,2006:3886 – 3890.

[33] 李伟,黄席樾,刘欣.基于免疫算法的故障诊断知识获取方法[J].计算机仿真,2006,23(4):60-67.

[34] 于勇,姜兴渭,黄文虎.基于粗糙集理论和遗传算法的知识获取方法研究[J].宇航学报,2001,22(3):114-118.

[35] 薛俊芳,向东,邱长华.基于粗糙集的零件合并专家知识获取方法[J].计算机集成制造系统,2007,13(8):1658-1664.

[36] 白建社,董小兵,江秀臣.基于粗糙集的直流局放知识获取与故障诊断[J].高电压技术,2006,32(4):41-43.

[37] Zhu Haiping. An Intergrated VPRS Model and Its Application in Manufacturing Process Knowledge Acquisition[A]. Proceedings of the 7th World Congress on Intelligent Control and Automation[C]. Chongqing,China, 2008:6263-6266.

[38] 赵守伟,马飒飒,吴国庆.基于故障仿真的诊断知识获取关键技术研究[J].计算机仿真,2008,25(1):31-35.

[39] 王志芳,严新平,袁成清.基于决策树的摩擦学系统状态辨识的知识获取方法研究[J].中国机械工程,2007,18(16):1962-1965.

[40] 王伟达,刘文剑.一种基于混合决策树的调度知识获取算法[J].计算机应用研究,2007,24(12):54-56.

[41] 于洪,杨大春,唐宏,等.一个基于 Rough Set 理论的增量式学习算法[J].计算机工程与应用,2003(33):38-41.